KB179820

직장인, 겁 없이 상가주택 짓다

초판 1쇄 발행 2019년 2월 23일
초판 3쇄 발행 2021년 3월 12일

저자 진하빠

발행인 이 심
편집인 임병기
책임편집 이세정
편집 조성일
사진 진하빠, 변종석, 최지현
디자인 크리페페 컴퍼니
일러스트 라윤희
마케팅 서병찬
총판 장성진
관리 이미경
인쇄 북스
용지 영은페이퍼㈜

발행처 ㈜주택문화사
출판등록번호 제13-177호
주소 서울시 강서구 강서로 466 우리벤처타운 6층
전화 02-2664-7114
팩스 02-2662-0847
홈페이지 www.uujj.co.kr

정가 13,000원
ISBN 978-89-6603-046-0

이 도서의 국립중앙도서관 출판예정도서목록(CIP)은
서지정보유통지원시스템 홈페이지(http://seoji.nl.go.kr)와
국가자료공동목록시스템(http://www.nl.go.kr/kolisnet)에서
이용하실 수 있습니다. (CIP제어번호 : CIP2019004868)

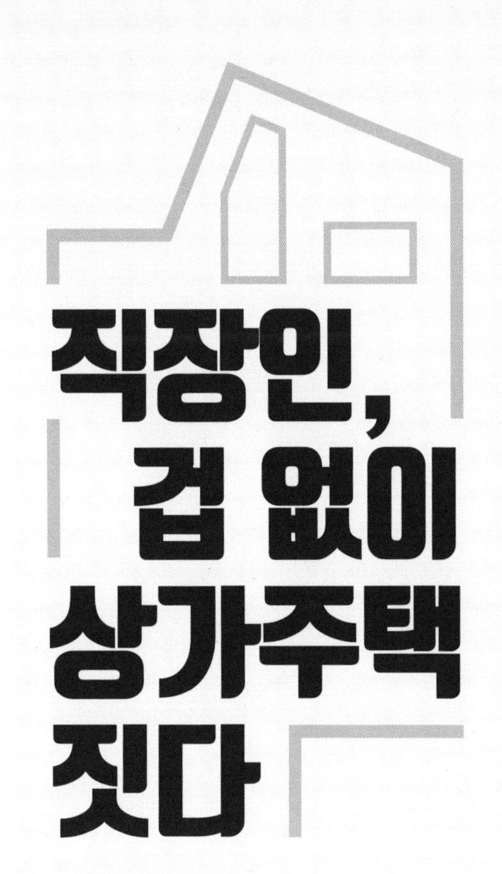

직장인, 겁 없이 상가주택 짓다

· 본문에 나오는 가격 및 시세, 법규 등은 건물을 지을 당시인 2017~2018년 기준임을 밝힌다.

책을 넘기기 전에

이 책을 보는 당신은 지금 땅을 갖고 있거나, 적어도 향후 땅을 살 계획을 가졌을 것이다. 만약 아직 땅을 구입하지 않았거나, 건축에 처음 입문해 아무것도 모르는 상태라면, 이 책을 키워드 중심으로 읽기를 권한다. 이 책은 부동산 투자나 땅을 찾는 방법보다 건축하는 과정에 초점을 맞추었기 때문이다.

그동안 읽었던 집짓기 관련 다수의 책이 전문가 시각에서 일반인을 가르치는 식으로 쓰여진 인상을 받았다. 내가 정작 궁금했던 것은 추상적이고 어려운 지식이 아니라 '엘리베이터를 꼭 설치해야 하는지, 옥상 방수에 돈은 얼마나 드는지' 같은 실질적인 내용이었다. 이러한 현실 지식은 누구도 속시원하게 가르쳐 주지 않았다.

나처럼 아무것도 모르는, 아무것도 모르기 때문에 뭐라도 찾아보고자 하는 이들을 위해 이렇게 책을 쓰게 되었다. 내가 처음에 들었던 막연한 두려움과 질문을 공유하면 같은 처지에 있는 이들에게 조금이나마 도움이 될 것이라 생각한다. 한마디 더 보태자면, 책에 담긴 나의 생각과 의견은 철저히 개인적인 견해이고, 생각이 다르거나 답이 아닌 경우도 있을 것이다. 전문가에게 배우는 비법이 아니라, 동료나 친구에게 듣는 진솔한 경험담으로 여기고 책장을 넘기길 바란다.

CONTENTS

제5장 집, 꾸미다

제6장 임대, 벌다

부록

누군가 상가주택 혹은 다가구주택을 짓는다고 하면 뭔가 큰 목적을 갖고 있거나, 그 쪽 분야를 잘 알고 있거나, 지인의 도움이 있을 때 비로소 결심하고 행동에 옮기는 경우가 많다. 그러나 나는 이도 저도 아닌 케이스로 아무것도 모르는 상황에서, 그야말로 맨땅에서 출발했다. 먼저 내가 이 두렵고 커다란 프로젝트를 왜 시작했는지부터 얘기해 보겠다.

지금으로부터 12여 년 전인 2006년, 경기도 평택시 안중의 자연녹지 지역의 땅 500평을 약 5억 원에 매입했다. 공동투자 형식이었고 상당분이 대출이었다. 부동산 초보들이 쉽게 저지르는 실수인 긍정적인 면만 바라보고 실행한 투자였고, 결과적으로는 이자에 허덕이게 되었다.

2008년, 안중의 500평 자연녹지가 송담택지지구로 지정되면서 환지계획에 따라 택지지구 내 250평의 땅을 받을 수 있는 권리로 바뀌었다. 환지계획이 발표된 6~7년 후인 2015년도에 택지지구가 조성되기 시작하고 본격적으로 환지 및 청산 과정에 들어갔다. 물론, 250평 모두를 땅으로 바꿔주진 않는다. 나는 60평 1필지와 130평 1필지를 환지하고, 약 60평을 청산하는 것으로 변경했다. 청산을 제외한 2필지는 4층 규모의 건물을 지을 수 있는 점포겸용 택지이다. 현재 시세로 볼 경우, 60평 필지와 130평 필지는 평당 550만~600만 원 선이고, 청산한 60평은 평택시가 평당 약 270만 원에 매입했다. 따지고 보면 약 12억 원의 가치인 것이다. 그러나 말 그대로 가치인 것이고, 매각 시 세금과 매도를 위한 수수료 등을 고려하면 실제로는 그보다 훨씬 못하다.

나머지 두 필지 중 하나는 건물을 짓고 하나는 팔아야겠다고 생각했다. 그러나 작은 필지를 팔고자 알아보던 중 '양도세'라는 복병을 만나게 된다. 해당 토지와 같은 땅은 '비사업용 토지'로 다른 부동산 거래보다 양도소득세가 10% 중과된다는 것이다. 60평의 필지가 평당 최고 600만 원 정도에 거래되고 있고, 내가 투자한 금액은 평당 약 200만 원이었다. 따라서 차액인 400만×60평이 과세표준이 되어 약 2억4천만 원이 과세 대상액이라는 계산이 나온다. 여기에 비사업용 토지 양도세(55%)를 적용할 경우, 세금만 1억3천2백만 원을 내게 된다(물론, 비용공제 등을 받을 수 있으나, 장기보유 특별공제 등이 없는 상황에서 큰 금액 차이가 나지 않기 때문에 간단하게만 계산했다). 즉, 60평의 대지를 팔려고 보니 매도가는 3억6천만 원이지만, 세금 등을 제외하고 내가 손에 쥘 수 있는 금액은 약 2억2천만 원. 총 5억원의 투자금 중 60평의 가치는 30%, 즉 1억6천만 원 가량이기 때문에 내가 얻는 차액(2.2억-1.6억)은 6천만원 정도밖에 안 되는 셈이다.

다른 방법을 고민하던 중 비사업용 토지가 아닌 상태로 매도하는 방법, 즉 주택을 지어서 팔면 양도세를 감면(1가구1주택일 경우, 9억 원 이하) 받을 수 있다는 사실을 알았다.

이렇게 다소 비정상적이고, 무계획적으로 프로젝트는 시작됐다. 이로 인해 많은 고민과 새로운 경험을 하게 될 줄 모른 채.

곁다리 얘기 1

환지, 감보율, 청산금

감보율

환지 방식(토지 구획 정리 방식)으로 택지를 개발했을 때, 종전의 토지면적에서 환지 받은 면적을 뺀 나머지 토지면적의 비율, 즉 감보된 면적의 비율을 말한다. 사업장에 따라 다르나 대개 20~60% 수준이다. 이처럼 감보하는 것은 사업시행자(주체)가 도로·공원·상하수도·광장 같은 공공시설을 확보하기 위해 필요한 토지를 수익자(소유자)의 토지에서 받을 사업비용 대신 토지를 조금씩 떼어내 상계시키기 때문이다. 이렇게 떼어 놓은 토지를 '체비지'라 한다. 사업 시행 전 소유하던 면적 대비 떼어간 토지의 면적 비율을 각각 '각필 감보율'이라 하고, 사업 시행 전 총면적과 구획 정리 후 총면적의 비율을 '평균감보율'이라 한다. 사업시행자가 이렇게 토지를 떼어가 소유자의 면적이 줄어도 종전보다 토지 가치가 늘어나기 때문에 소유자는 불만이 적다.

청산금

환지 계획에는 그 내용의 하나로 필별 및 권리별로 된 청산금의 명세를 정하여야 하는데, 청산금은 환지를 정하거나 그 대상에서 제외한 경우에 생기는 과 또는 부족분에 대하여 종전의 토지와 환지의 위치, 지목 등을 종합적으로 고려하여 그 가치성의 차이를 청산하기 위하여 지급하는 금전을 말한다.

곁다리 얘기 2

토지 투자 수익률에 대한 소고

나의 투자를 돌아보면, 빚을 내서 부동산을 구입했기 때문에 이자 비용 등을 감안하면 약간의 이익은 보았지만, 최고의 투자라고 보기는 어렵다. 내가 토지를 샀던 2008년 서울시 송파구의 아파트 중에는 5~7억 원대로 살 수 있는 매물들이 많이 있었다. 지금(2018 하반기) 그 아파트들이 15~17억 원을 하고 있다. 당시 나도 아파트 구매를 고민했지만, 결국 땅을 선택하고 건축을 했다.

금전적으로는 약간의 아쉬운 점도 있지만, 현재의 프로젝트에 대한 애착과 건물의 완성 순간, 그리고 임대수익 등을 놓고 볼 때, 좋은 시도와 경험이었다고 자평한다. 그리고 결정적으로 비사업용 토지(이러한 경우 거의 그러하듯이)는 수익의 50% 이상을 세금으로 내야 하므로 아파트와 절대적인 비교가 어렵고, 그만큼 환금성이 떨어지며 더 많은 고민을 해야 하는 머리 아픈 투자인 셈이다.

조성 완료된 송담택지지구의 환지 받은 60평 토지

곁다리 얘기 3

송담택지지구

경기도 평택시는 크게 경부고속도로, SRT(KTX)가 연결되는 고덕, 구평택의 도심과 서해안고속도로, 평택항과 포승산업단지 등을 중심으로 하는 서평택으로 구분할 수 있다. 송담택지지구는 서평택 중심지역인 안중에 새롭게 조성된 택지지구이다. 송담택지지구는 평택도시개발공사가 진행하는 사업으로, LH 주도의 분양택지와는 다소 차이가 있다. 필지 크기가 80~90평으로 균일하게 분할되지 않고, 작은 것은 50평대부터 크게는 200평이 넘는 필지도 있다.

송담지구의 환지시스템은 개발을 해주는 대가로 원토지 50% 내의 땅을 원주인에게 돌려주는 시스템이다. 그래서 500평을 갖고 있으면 250평 미만의 땅을 받을 수 있고, 이 250평의 땅에는 청산해야 하는 땅도 포함되어 있는 것이다.

청산이란 환지율이 50%일 경우, 50%를 땅으로 보상을 해주고 땅이 모자랄 때 땅의 면적만큼 가치를 책정해 현금으로 보상해주는 방식을 말한다. 물론, 현금 청산보다 땅으로 받는 것이 일반적으로 훨씬 이득이다.

송담택지지구의 계획도와 실제 항공뷰

그리고 송담지구는 타 택지지구와 다른 점이 몇 가지 있다. 가장 큰 차이점은 필지당 가구 수 제한이 없다는 점이다. 물론, 처음 평택시가 택지지구를 지정할 때는 5가구로 제한이 있었으나, 평택시가 체비지*를 좀 더 매력적으로 분양하고자 가구 수 제한을 푼 것으로 짐작된다.

그러나 주차대수는 세대당 1대로 맞춰야 한다. 따라서 한 필지당 주차대수만 맞춘다면 19세대(다가구주택)까지 만들 수 있는 것이다. 그만큼 수익성은 좋아질 수 있다. 이러한 조건 때문에, 상가 면적보다는 주차대수를 확보하여 가구 수를 늘리는 것도 수익성을 높이는 전략이 될 수 있다.

※체비지 : 시행사가 시행 자금을 마련하기 위해 비축해 놓은 판매용 토지

나의 57가지 고민들

"건축은 프로세스가 가장 확실하게 보이는 일이었고,
매 순간 나의 선택으로 결과가 좌우되었다"

직장인, 겁 없이
상가주택 짓다

제1장

땅, 꿈꾸다

Question 01

땅을 살까, 말까?

A

내가 지금 이 고민을 한다면 당연히 "산다" 이다.
그리고 지금도 지속적으로 점포겸용택지를 찾아보고 있다.

2017년과 2018년은 아파트 가치 폭등의 해였다. 특히 서울은 2006년의 상승을 다시 보는 듯한, 아니 그보다 더 불이 붙은 느낌이었다. 그리고 이 상승세가 계속 갈 수도 있다고 보는 이들도 적지 않다. 그러나 조금 더 깊게, 조금 더 다르게 생각해 보자. 먼저, 대중성 vs 전문성의 차이를 말하고 싶다. 아파트는 모두가 그 존재와 가치에 대해 알고, 필요성을 공감하는 대중화된 투자라고 본다면 토지, 특히 상가주택이나 다가구주택 택지는 '그들만의 리그'이다. 그들만의 리그였기 때문에 가치가 크게 상승해도 일반 대중은 알 수가 없었다.

이미 언급한 바와 같이 2015~2018년 사이의 아파트 가격은 폭등했다. 많이 올랐던 서울 강남·송파구의 7억 원짜리 아파트들은 단숨에 15~17억 원으로 100% 가까이 올랐다. 그러나 같은 시기 수도권 신도시의 이주자 택지(약 80평)는 원주민에게 6억 원 정도에 분양을 했다. 필지 지정을 거치면서 프리미엄이 붙고, 위치가 좋은 경우는 프리미엄만 10억 원을 넘어서기도 한다. 수익률이 거의 170%가 넘는다. 수익률로만 따진다면 아파트의 2배가 넘는 것이다. 측정 방식과 환금성 등은 따져봐야 겠지만, 분명한 건 가치 상승은 아파트만의 이야기는 아니라는 점이다.

나는 부동산 가치 상승 신봉자이다. 괜찮은 지역의 아파트라면 언젠가는 가치가 상승한다는 믿음을 갖고 있다. 물론, 우리가 아직 겪어보지 못한 세상이 눈 앞에 있다. 지속적인 경제 성장을 이끌었던 중장년층이 현업에서 은퇴하고도 30년 이상을 건강하게 살아야 하는 세상이다. 지금의 노년들은 과거의 자산 증식 방법으로 노후를 준비할 수 있었다. 그러나, 지금 노년을 앞둔 사람들도 비슷할까? 과연 이들이 지금껏 해왔던 식의 노후 준비로 은퇴 후 30년을 살아갈 수 있을까? 많은 사람이 스스로 그러한 준비가 안 되어 있다고 여기고 있으니 노후 걱정, 제2의 삶, 퇴직 등에 대해 두려워하는 것이다. 때문에 요즘 들어 거의 모든 중장년층, 심지어 청년들까지 수익형 부동산에 관심을 두고 있다. 초등학생의 꿈이 '건물주'라는 '웃픈' 현상도 발생한다.

지금 한창 사회활동을 하고 있는 중장년층은 삶을 대하는 패턴이 많이 바뀌었다. 이전 세대의 일률적이고 획일화된 목적 하의 삶에서, 현재는 자신이 원하는 바를 명확히 알고, 그것을 거침없이 추구해 나가는 쪽으로 변화하고 있다. 귀농과 귀촌 증가 추세를 보면 여실히 알 수 있다. 어느 지역을 막론하고 '한 달 살기'식의 체험도 늘어나고 있다. 이전의 세대가 은퇴 후에도 기존 생활방식을 고수하기 위해 지역적으로도, 생활적으로도 변화를 시도하지 않았다면, 향후의 은퇴 세대는 자신의 가치와 경제적인 관념에 따라 유동적으로 움직일 것이라 생각한다. 은퇴 후 이동, 즉 기존에 살던 아파트 생활만 고집하지는 않을 것이라는 말이다. 이러한 생활 변화의 흐름이 형성된다면 토지 매입의 목적은 분명해진다. 바로 '투자수익 + 임대수익'이다.

목적이 '임대 수익이냐, 투자 수익이냐, 거주 용도냐'에 따라 건물의 모습 및 모든 프로세스를 대하는 마음가짐이 달라야 한다. 나의 경우는 임대 수익과 투자 모두 매우 중요한 부분이었기에 전방위에 걸쳐 많은 고민이 필요했다. 거주까지 할 수 있는 조건을 더한다면 테라스가 있는 최상층 세대에서 작은 정원을 관리하며 저층 상가와 임대세대 수익으로 생활비를 받아 쓸 수 있는, 그러면서 투자 가치까지 올라갈 수 있는 기회를 잡을 수 있다.

지금 토지를 '살까, 말까'를 고민하는 것은 토지를 오랫동안 묵혀 놓고 추후에 투자 가치를 올리고자 하는 전략이 아닌, 궁극적으로 토지를 수익형 부동산으로 생각하자고 제시하는 질문이다.

부동산 수익률

투자 수익률은 '갭 투자(전세를 끼고 소액으로 집을 매매하는 형태)'가 최고다. 투자금이 적기 때문에 표면상 보이는 수익률은 제일 높을 것이다. 물론 부동산 가격이 폭등하면서 정부의 제재 정책이 가동되기 시작하면 '갭 투자'가 투기 수단으로 느껴지기는 하지만, 용어만 없었을 뿐이지 1990년대, 2000년대에도 갭 투자는 존재했다. 부동산 정책이 변경되면서 활성화되거나 비활성화되는 투자 방식이고, 경우에 따라서는 옳지 못한 투자처럼 여겨지기도 한다.

내가 말하고자 하는 부동산 투자는 갭투자 방식의 자산 증식과는 개념이 다소 다르다. 투자 수익률에 매몰되기보다는 지속적인 수입으로 내 생활의 원동력이 될 임대 수익률이 중요하다. 일반적인 기준으로 서울은 3~4%, 경기도 신도시는 4~6%, 일반 수도권은 5~8%의 임대 수익률을 기대한다고 한다. 이 수익률 차이는 공실률과 자산가치 증가에 대한 기대 심리, 안정성 등을 고려해서 책정된 수치일 것이다. 즉 서울은 공실률이 적고 안정적인 반면, 수도권은 공실의 가능성이 상대적으로 클 수 있다. 이러한 가능성과 리스크를 감안해 수익률을 따져보고, 자기자본을 고려해 투자해야 한다.

일반적으로 말하는 투자 수익률은 자기투자금 대비 수익률을 말한다. 즉, 대출을 이용하고, 이자를 내고 하는 부분도 포함되었기 때문에 다소간의 거품이 있을 수 있다. 또한, 흔히 말하는 매물장은 매도자와 부동산 간의 암묵적인 부풀리기가 있을 수 있으니 염두에 두어야 한다.

Question 02

땅을 어떻게 살까?

A

관심 지역이 정해졌다면 원주민의 토지를 사거나,
지역 부동산중개소를 통해 매물을 살피고,
아직 지역이 확정되지 않았다면 분양 택지지구를 알아 본다.

임대 수익을 기대하고 땅을 사기로 결정했다면 '어떻게 땅을 살 것인가'를 고민할 단계이다. 상가주택이나 다가구주택을 지을 수 있는 땅을 사는 방법은 여러 가지가 있다.

첫째, 개발이 시행되는 지역의 원주민으로서 보상 차원의 이주자 택지 또는 협의자 택지 권리를 받는 것이다. 시간이 아주 오래 걸릴 수도 있고 불확실성도 상당히 높지만, 수익률 측면에서는 좋을 것이다.

둘째, 원주민으로부터 이주자 택지나 협의자 택지를 매입하는 방법이다. 시간과 리스크를 줄이는 대신 그 대가로 상당한 프리미엄을 지불해야 한다. 즉, 그 지역의 개발 주체가 원주민들에게 분양한 '분양금 + 프리미엄'이 토지를 구입하는 비용이 된다.

곁다리 얘기 5

이주자 택지와 협의자 택지, 생활대책 용지

이주자 택지는 개발 예정의 토지에 원주민이 거주하고 있는 경우 부여되는 보상이다. 점포겸용택지(상가주택)의 권리를 받는 것이 일반적이고, 1층 상가에 2~4층은 주택으로 지을 수 있는 땅이다.

협의자 택지는 일반적으로는 다가구주택만을(간혹 점포겸용택지가 주어지는 경우도 있지만) 지을 수 있는 필지를 말하며 1층 상가는 없는 경우도 있다.

원토지에서 소유권 없이 생계를 유지한 사람을 위해서는 '생활대책 용지'라는 권리를 부여하기도 한다. 생활대책 용지를 갖고 있는 사람끼리 조합을 결성해 큰 상가를 지어, 거기서 영업할 수 있도록 해주는 권리이다. 흔히 신도시에 위치한 플라자 등의 이름이 붙은 상가가 여기 해당한다.

셋째, 현재 다가구주택, 상가주택이 있는 건물을 매입하여 철거 후 신축 혹은 리모델링을 하는 경우다.

마지막으로 시행사 즉, LH와 같은 곳으로부터 분양받는 방법이다. 이제는 추첨 방식에서 경쟁 입찰 방식으로 바뀌었으나, 과하지 않은 금액으로 낙찰받는다면 좋은 금액에 토지를 얻을 수 있는 방법이다. 그러나 최근 유찰되는 지역도 생기고 너무 과한 금액으로 낙찰을 받아 계약금을 포기하는 사례가 생기는 등 낙찰 금액 결정에 신중해야 한다.

곁다리 얘기 6

택지지구 점포겸용 용지의 최근 분양 추세

1만9000대 1…원주기업도시 점포겸용택지 14만명 몰려

기사입력 2017-09-15 14:40 기사원문 스크랩 본문듣기 · 설정

28 55 요약봇 가

[머니투데이 배규민 기자] [소액으로 청약 가능…당첨되면 수천만원 웃돈 기대]

점포겸용 주택용지 최고 7000대1... 로또 맞나

원주기업도시 21개 필지 최고 7035대 1 기록... 점포겸용 '묻지마 청약' 주의보

머니투데이 배규민 기자 | 입력 : 2017.11.29 04:15 | 조회 : 8524

기사 소셜댓글(0) 기사공유

원주기업도시 점포겸용
단독주택용지 청약 경쟁률 현황

대상지	규모	경쟁률	시기
원주기업도시	25필지	평균 3757대1, 최고 9395대1	3월
원주기업도시	48필지	평균 2916대1, 최고 1만9341대 1	9월
원주기업도시	21필지	평균 2154대1, 최고 7035대1	11월

그래픽: 유정수 디자이너

2016~2017년 원주기업도시, 영종도, 파주 운정 신도시 지역에서 LH가 분양하는 점포겸용 단독주택용지 청약은 최대 1만9000대 1의 경쟁률을 기록하는 등 상상을 초월하는 과열 양상을 보였다. 이러한 현상은 기존 추첨 방식에서 경쟁 입찰 방식으로 법을 개정하게 만들었다.

2018년부터 도입된 경쟁 입찰 방식은 최고가로 낙찰 받은 사람이 토지를 분양받는 식이다. 이후, 과열 양상은 많이 잦아들었지만 토지 금액이 많이 올랐다. 일반적으로 인기가 있는 택지지구의 좋은 자리(코너 자리 등)는 기존 대비 180~200% 수준, 랜드마크가 될 수 있는 자리는 300% 넘게 가격이 상승했다. 일례로, 2018년 4월에 분양한 이천 마장지구는 모든 필지가 낙찰되었는데, 이중 몇몇 필지는 분양가가 2억 원 중반이었음에도 낙찰가는 5억 원이 넘는, 두 배에 육박하는 금액이 책정되기도 했다.

그러나 상가나 주택의 임대가 언제나 장밋빛일 수는 없기에, 낙찰 금액을 정할 때는 보수적으로 접근해야 한다. 최근 분양 사례 중 비슷한 코너 자리인데 한 필지는 분양가의 160%에 받은 반면, 다른 필지는 300%에 육박하는 낙찰 금액을 써 내 차이를 보였다. 높은 금액으로 낙찰을 받으면 재매매가 상당히 곤란하고 수익성에 문제가 생길 가능성이 높다.

디자인 상가주택이 즐비한 광교신도시의 카페거리

Question **03**

어떤 땅을 살까?

A

내 상황에 맞는 가장 효율적인 땅을 찾는 것이 먼저다.
그리고, 지역의 조건들을 잘 살펴서 목적에 맞는 땅을 사야 한다.

2017년은 아파트 시장도 광풍이었지만, 토지 시장 역시 격변의 시기였다. 점포겸용 택지분양의 경쟁률이 최고치를 경신하면서 대한민국 국민들의 땅에 대한 큰 관심을 확인할 수 있었다. 이는 내가 좋아하는 땅은 다른 사람도 좋아한다는 불멸의 사실을 다시금 깨닫게 한 계기였다.

그렇다. 땅을 사는 가장 확실한 기준은 '사람들이 좋아하는 땅이 좋은 땅'이라는 것이다. 문제는 그만큼 매우 비싸다. 혹자는 무조건 가장 좋은 땅을 사라고 권한다. 그래야 상가의 임대 경쟁력 및 건물 가치가 더 오를 수 있다고 한다. 맞는 말일 수도 있다. 그러나, 땅을 살 때는 각자 가지고 있는 우선 순위와 목적을 분명히 해야 한다.

첫째, 자신의 가용 예산을 확실히 정해야 한다. 당연한 말이지만, 1억 원을 가진 사람과 10억 원을 가진 사람은 살 수 있는 땅의 위치부터 다를 것이다. 일반적으로 상가주택이 활성화되고 있는 지역은 주로 신도시이다. 신도시 및 각종 택지개발지구 등은 상가주택 건축이 가능한 땅이 상대적으로 많다. 각자가 처한 상황과 지역의 호재 분석이 다를 수 있기 때문에 어디가 더 좋다고 판단하기는 힘들 것이다. 그러나, 흔히 '핫하다'고 말하는 곳들은 이주자 택지 분양금보다 프리미엄이 더 높을 수도 있다.

판교, 광교, 위례, 동탄, 고덕, 운정, 별내, 등 국가 주도 2기 신도시와 영종하늘도시, 원주기업도시, 청라국제도시 등의 지역·기관 주도의 신도시, 그리고 하남 미사, 남양주 다산, 평택 소사벌·송담, 화성 향남, 부천 옥길, 고양 원흥, 하남 감일, 성남 고등 등 택지 지역이 대표적이다. 국가 주도 3기 신도시도 발표되었다. 남양주 왕숙, 하남 교산, 인천 계양, 과천 지역으로 LH와 각 지자체 도시공사가 논의를 거쳐 세부 지역을 확정짓고, 2021년부터 공급을 개시할 예정이다.

물론, 서울에서의 거주를 놓칠 수 없고 상가 위주로 운영을 원한다면 서울 구도심의 단독 혹은 다가구를 매입하여 새롭게 건축하는 것도 한 방법이다. 최근 서울의 다가구 밀집 지역들이 이러한 관심으로 가격이 많이 오르고 있고, 이런 현상은 지역적으로도 점차 확산되는 추세이다.

둘째, 지역별 건폐율·용적률·가구 수 등을 살펴봐야 한다. 전체 부동산 시장을 고려한 지역 선택 외에 고려할 가장 큰 사항으로는 그 인근의 성격

(상업지, 아파트 근접, 학교 근접 등)과 지자체별로 다른 조례이다. 아래는 대표적인 신도시의 지역별 이주자 택지에 대한 정보이다.

	건폐율	용적률	최고 층수	세대 수
판교 신도시	50%	150%	3층	3가구
광교 신도시	60%	180%	4층	5가구
위례 신도시	60%	160%	4층	5가구
하남 감일지구	60%	200%	4층	6가구
하남 미사지구	60%	200%	4층	6가구
성남 고등지구	60%	160%	4층	5가구
평택 송담지구	60%	180%	4층	제한 없음

- 상기 건폐율·용적률·세대수는 각 지구 내 블록별로 상이할 수 있다.
- 수원 신동지구 등도 가구 수 제한이 없는 택지지구이다.
- 건폐율, 용적률을 간단하게 설명하면, 건폐율은 하늘에서 봤을 때 전체 땅에서 내 건물이 차지하고 있는 면적의 비율이고, 용적률은 토지면적 대비 연면적(건물의 전체 바닥면적)이다. 서비스 면적(지하층, 발코니, 다락 등)은 용적률 산정에서 제외된다.

위의 표를 보면 어떤 지역의 택지가 효율성이 높을 것인지 예상할 수 있다. 따라서, 앞서 결정한 목적에 따라 선택을 달리할 필요가 있다. 임대 수익보다 쾌적한 환경이나 교육, 편의 시설 등이 더 중요하다면 판교 신도시와 같이 용적률과 세대수가 적은 곳을 택하고, 임대 수익이 최우선이라고 한다면 지역적인 호재 등을 고려해 가구 수 제한 등 제약이 적은 송담지구 같은 곳을 선택하면 된다. 단, 가구 수 제한이 없는 곳은 주로 원룸 위주로 건축되는 경향이 있기 때문에 타 지역보다 쾌적성이나 미관이 제각각일 수 있다. 또한 원룸은 이동이 빈번한 사람들이 찾기 때문에 임대 안정성이 떨어질 수 있는 점도 감안해야 한다.

셋째, 임장은 필수다. '임장(臨場)'이란 사전적 의미로는 '어떤 일이나 문제가 일어난 일의 현장을 다녀옴'을 뜻한다. 이와 마찬가지로 부동산에서 흔히 쓰는 임장이란 단어도 그 지역에 대한 사전 조사를 말하며, '발품을 많이 팔아야 한다'는 뜻으로 해석하면 된다.

2017년 LH가 별내 신도시에 다가구를 지을 수 있는 택지를 분양했다. 나도 그때 청약에 도전했는데, 위성 지도와 로드 뷰를 참고하며 블록과 지번을 골랐다. 그리고 임장을 했다. 현장에 막상 가보면 임장 전 생각했던 이미지와 많이 다른 곳이 있다. 별내 신도시도 지도상으로 괜찮다고 선택했던 택지 중 하나는 옆산에 무덤들이 있었다. 공고상에는 산 또는 나대지처럼 표시되어 있던 곳이었다. 나는 그 필지를 버리고 다른 곳을 청약했지만, 그 무덤 옆 필지는 역시나 경쟁률이 높게 나왔다. 지도만 보고 임장은 하지 않은 사람이 많았다는 이야기다. 알고도 청약했으면 다행이지만, 모르고 당첨된 사람이 현장에 갔을 때 어떤 표정이었을까 매우 궁금하다. 그래서 임장은 꼭 거쳐야 한다.

넷째, 현지 부동산중개소와 친해져야 한다. 주식도 마찬가지로, 내 전략과 믿음이 시장의 판단만큼 중요하지는 않다. 아파트는 철저하게 가치가 평가되어 있지만, 땅은 아직 획일적인 평가 기준이 부족하다. 땅의 가치를 평가하는 시작은 그 지역의 부동산중개소이다. A지역 내에 어떠한 이유로 '가' 블록이 좋을 것이라 생각했는데, 실제로는 '나' 블록이 더 비싸다고 한다면 다시 고민해봐야 한다. 왜 그런지를 분석하고 마음을 바꾸는 것이 낫다. 가장 기초적인 근거는 현지 부동산중개소 사람이 열심히 설명해 줄 것이다. 한 번 가보고 땅을 사진 않을 테니, 여러 곳을 다녀보고 가장 믿음이 가는 부동산을 정한 후 친해질 필요가 있다. 그리고 다양한 방법으로 정보를 구하자.

다섯째, 상권과 업종 제한을 확인한다. 상가주택이 많이 건축되고 있는지, 카페 거리가 형성될 가능성이 있는지, 주로 무슨 업종을 하고 있는지, 일반음식점 허용 지역인지, 휴대음식점만 가능한지, 부동산중개소는 입점 가능한지 등을 필히 확인해야 한다. 자료만으로 확인할 수도 있지만, 임장을 자주 다녀보면 얻게 되는 것들이 분명히 더 있다.

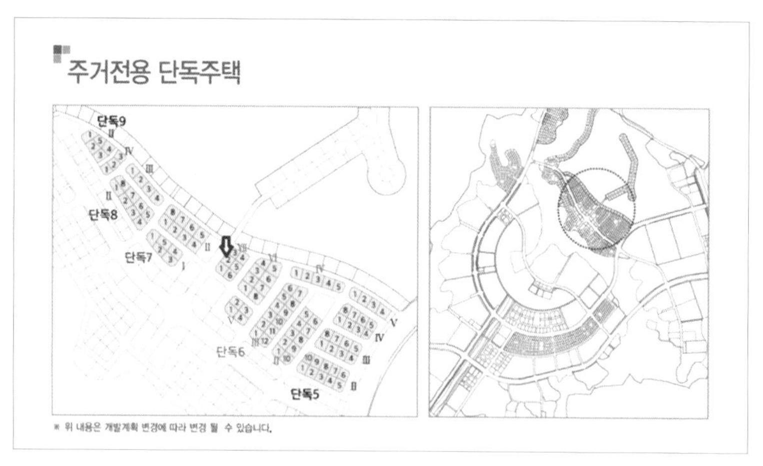

원주 기업도시 주거전용 단독택지 분양 공고 中

여섯째, 가능하면 코너, 그중에서도 3면이 오픈된 땅을 산다. 당연히 코너 땅은 더 비싸다. 그러나 나중에 분명 그 값을 할 것이다. 접근성이 좋기에 상가도 더 빨리 입점할 것이고, 상가 임대료도 더 많이 받을 것이다. 운이 좋다면 그 블록의 랜드마크가 될 수도 있다. 가능한 상황이라면 비용을 좀 더 투입을 하더라도 코너 땅을 사는 것을 권한다.

일반적으로 조성된 택지지구를 기준으로 보면 4면이 오픈된 땅(거의 없다) > 3면이 오픈된 땅 > 코너 땅 > 양쪽이 오픈된 땅 > 끼인 땅 순으로 가격이 매겨진다. 단적인 예로, 하남지구의 코너 땅과 바로 옆의 끼인 땅은 첫 거래(이주자 택지 딱지) 당시의 차이는 1억 원이었다. 그러나 이후 건축을 하고 건물을 매매할 때는, 규모도 같고 비슷한 수준의 공사비가 들었음에도 거래 가격은 3~4억 원의 차이를 보였다. 그리고 그 금액의 차이는 앞으로 점점 커질 수도 있다.

일곱째, 일반음식점이 가능한 땅인지 알아본다. 상가주택의 가장 큰 메리트는 수익률이다. 그러나 각 지역 및 택지지구별로 상가 내 허용 업종에 제약이 있을 수 있다. 일반음식점과 휴게음식점의 가장 큰 차이는 주류를 판매할 수 있느냐의 여부다. 일반음식점은 대부분의 식당들을 포함하지만, 휴게음식점에는 카페, 제과점 등으로 한정된다. 더 정확하게는 1종근린생활시설이냐, 2종근린생활시설이냐 등의 규정이 지정된다. 자세한 내용은 『건축법 시행령』을 살펴보면 알 수 있다.

한편, 어떤 지역은 상가를 넣을 수 있더라도 오히려 넣지 않는 게 더 이득인 땅도 있다. 가구 수 제한이 없거나 조례에 의해 가구당 주차 1대 등이 단서로 달려 있는 조건의 경우이다. 상가를 지을 공간이 10평이라고 한다면 주차공간 2대는 충분히 들어갈 수 있는 면적일 것이고, 2가구를 더 지을 수 있는 땅이라고 본다면 언제 활성화될지 모르는 상가보다는 당장 임대가 될 수 있는 원룸 2개를 짓는 것이 나을 수 있기 때문이다. 결국 내 땅에 대해 내가 잘 알아야 합리적인 결정을 내릴 수 있다는 뜻이다.

여덟째, 일조권·건축한계선 등 법 조항을 확인한다. 일조권을 받느냐 안 받느냐에 따라 면적이 달라지고, 특히 내가 살(주인 세대는 주로 최상층이기 때문에) 공간에 영향을 준다. 건물의 모양 역시 제약을 받는다. 여섯 번째 언급했던 바와 같이 오픈된 면이 많을수록 일조권 제약을 받지 않을 가능성이 높다. 따라서 다시 한번 강조하지만, 자금을 조금 더 투입하더라도 최대한 일조권 제약 등은 피할 수 있는 땅을 고르는 게 좋다. 단, 4층을 오픈된 테라스로 만들고자 한다면 크게 상관은 없다.

또한, 어떤 지역은 보행자 통행로를 마련한다는 이유 등으로 건축한계선을 지정하는 경우도 있다. 이는 토지주·건축주에게 재산상 피해가 될 수 있기 때문에 미리 알고 있어야 한다. 각 지역별 시·군의 도시계획과에 문의하면 자세히 알 수 있다. 건축한계선은 주차구역도 넘어갈 수 없으므로 1층의 면적 산출에 상당한 제약이 된다. 이러한 부분까지 미리 고려하여 설계에 반영해야 한다.

곁다리 얘기 7

일조권

일반적으로 건물을 지을 때 인접 건물에 일정량의 햇빛이 들도록 보장하는 권리를 뜻한다. 인접 건물로 인해 햇빛이 충분히 닿지 못하는 경우 이로 인해 생기는 신체적·정신적·재산적 피해에 대해 보상을 청구할 수 있다. 일상 생활에서 자연의 혜택을 온전하게 누릴 수 있도록 하는 일종의 환경권에 해당한다.

도시의 과밀화, 고층 건물의 증가와 함께 주거환경에 대한 관심 증대로 일조권이 새로운 삶의 질 문제로 대두되면서 주거지역에서 일조권 분쟁이 빈번해지고 있다. 이를 막기 위해 건축법에서는 건물의 높이 및 인접건물 간 일정 거리를 띄어야 하는 거리 제한 등의 규정을 두고 있다. 법원의 판례에 따르면 통상적으로 일조권이 지켜지려면 동짓날을 기준으로 오전 9시~오후 3시 사이 중 연속으로 2시간 이상, 오전 8시~오후 4시 사이 중 총 4시간 이상 확보되어야 한다.

※ 일조권 보장을 위한 건축법상 건축 제한(건축법시행령 제86조) 2014년 11월 11일 시행

1. 전용주거지역이나 일반주거지역에서 건축물을 건축하는 경우에는 건축물의 각 부분을 정북 방향으로의 인접 대지경계선으로부터 건축조례로 정하는 거리 이상을 띄어 건축하여야 한다.
   ① 높이 9m 이하인 부분 : 인접대지경계선으로부터 1.5m 이상
   ② 높이 9m를 초과하는 부분 : 인접대지경계선으로부터 해당 건축물의 각 부분의 높이의 2분의 1 이상
2. 아파트 등 공동주택의 경우 인접대지경계선 등의 방향으로 채광을 위한 창문 등을 만들거나 하나의 대지에 2동(棟) 이상을 건축하려면 채광 등의 확보를 위해 다음과 같이 제한된다.
   ① 채광을 위한 창문 등이 있는 벽면으로부터 직각방향으로 건축물 각 부분 높이의 0.5배(도시형 생활주택의 경우에는 0.25배) 이상의 범위에서 건축조례로 정하는 거리 이상으로 해야 한다.

② 서로 마주 보는 건축물 중 남쪽 방향(마주 보는 두 동의 축이 남동에서 남서 방향인 경우만 해당한다)의 건축물 높이가 낮고, 주된 개구부(거실과 주된 침실이 있는 부분)의 방향이 남쪽을 향하는 경우에는 높은 건축물 각 부분의 높이의 0.4배(도시형 생활주택의 경우에는 0.2배) 이상의 범위에서 건축조례로 정하는 거리 이상이고 낮은 건축물 각 부분의 높이의 0.5배(도시형 생활주택의 경우에는 0.25배) 이상의 범위에서 건축조례로 정하는 거리 이상으로 해야 한다.

③ 채광창(창 넓이가 0.5㎡ 이상일 때)이 없는 벽면과 측벽이 마주 보는 경우에는 8m 이상으로 해야 한다.

일조권 제약을 받지 않는 건물(좌) / 일조권 제약을 받은 본인의 사례(우)

건축한계선

대지에 건축물이나 공작물을 설치할 수 있는 한계선을 말한다. 건축선을 지정하는 이유는 건축물이나 공작물이 도로를 침식하는 것을 방지하고 도로교통을 원활하게 하기 위해서다. 보통 도로와 대지의 경계선을 건축선으로 하지만, 도로의 폭이 4m 미만일 경우에는 도로의 중심선으로부터 그 도로 폭의 2분의 1의 수평거리만큼 물러난 선을 건축선으로 한다. 다만 그 도로의 반대쪽에 경사지, 하천, 철도, 선로부지 그밖에 이와 유사한 것이 있을 때에는 그 경사지 등이 있는 쪽의 도로경계선에서 도로의 폭에 해당하는 수평거리의 선을 건축선으로 한다.

도로 모퉁이 부분의 건축선은 그 대지에 접한 도로경계선의 교차점으로부터 도로경계선에 따라 2m 내지 4m 후퇴한 두 점을 연결한 선으로 하는데, 도로의 교차각이 90° 이상, 120° 미만이고 교차되는 도로의 폭이 6m 내지 8m이면 3미터, 폭이 4m 내지 6m이면 2m를 후퇴한다. 다만 기존 건축물의 수직 방향으로 증축한 경우에는 그렇지 않다. 시장·군수 또는 구청장은 시가지 안에서 건축물의 위치나 환경의 정비가 필요하다 인정하면 대통령령이 정하는 범위에서 따로 건축선을 지정할 수 있으며, 이 경우 시장 군수 구청장은 지체 없이 이를 고시하여야 한다. 근거법은 건축법이다.

[출처 : 부동산용어사전, 부연사]

Question 04

건축을 해야 하나?

상황에 따라 다르겠지만, 건축을 하는 것이 가치상승에 도움이 된다.

이 책을 지금까지 읽고 있다면 당신은 집을 짓고자 마음 먹은 사람일 확률이 높다. 그렇기 때문에 첫째는 거주, 둘째는 임대 수익을 기대하고 토지를 샀으리라고 본다. 거주를 위해 내 집을 짓는다는 것은 구조, 디자인, 공간 배치 등을 내 맘대로 할 수 있는 절호의 기회이다. 가족 구성원 각각의 특성과 편리에 맞는 방, 부엌과 욕실, 거실과 서재, 그리고 테라스까지.

주택은 어떠한 아파트보다도 거주 환경이 좋으면서 아파트에 쓰인 것보다 월등한 자재와 인테리어를 선택할 수 있다. 이 부분은 책의 중반부터 하나하나 자세히 설명하겠다. 또한 임대수익 역시 줄곧 이야기하는 부분이다. 이 두 가지 이유 다음으로 집을 지어야 하는 세 번째 이유는 바로 세금이다.

좋은 조건으로 땅을 샀다고 가정해 보자. 그러나 땅으로만 투자를 한다면, 5억 원에 산 땅이 2년 만에 8억 원이 되었을 때, 2년 동안 3억 원을 벌게 된다. 그런데, 정말 3억 원을 번 것일까? 아마 당신이 산 땅은 비사업용 토지로 분류될 것이다. 양도세를 계산해보면 2년 미만일 경우 과세표준 40%의 세금 + 비사업용 토지 10%를 추가하여 번 돈의 50%를 세금으로 내야 한다. 2년 이상 보유했을 경우에도 누진세율에 의해 16~52%의 세금을 내야 한다. 3억 원을 번 줄 알았는데, 세금을 내고 나면 1억 원 남짓을 번 것이다.

만약 이 땅에 집을 짓는다면 어떨까. 상가주택은 일종의 다가구주택이다. 다가구주택은 아무리 많은 세대가 있다 해도(최대 19가구) 1가구로 계산된다. 이 주택 외에 다른 집이 있다면 임대사업자로 등록을 하든지 1가구를 유지하면서 임대수익을 받든지 할 수 있다. 1가구일 때 비과세 조건을 충족시키면 세금을 내지 않는다. 물론 9억 원 이상의 고가주택이라면 양도소득세를 내야겠지만, 그 세율은 비사업용 토지의 세율에 비하면 훨씬 낮다.

땅 그 자체로는 나에게 수익을 주지 않는다. '집'을 탄생시키는 산고가 있어야 비로소 나에게 '제대로 된 수익'을 가져다줄 수 있다는 점을 명심해야 한다.

직장인, 겁 없이
상가주택 짓다

제2장

준비, 공부하다

Question 05

건축에 대해 어떻게 공부할까?

먼저 재미를 붙이고, 많은 관심과 열정을 쏟을 수 있도록 노력해야 한다. 그러면 자연적으로 공부할 수 있는 방법들이 많이 보일 것이다.

지금 당신이 하고자 하는 일은 회사에서 주어진 업무가 아니라, 나를 위한 일이다. 나를 위한 일을 재미있게 하면 얼마나 학습 효과가 좋은가. 모두가 다 경험해 봤을 것이다. 그러나, 처음에는 재미보다 막막함이 더 클 것이고, 큰 스트레스로 느껴지기도 한다. 그럴 경우는 아래와 같은 방법을 따라보자.

먼저, 판교·광교·위례·미사 등 멋진 상가주택이 즐비한 곳을 가서 많은 건물을 감상해 본다. 처음에는 아무 생각 없이 본인의 취향에 기대어 어떤 건물이 멋지게 느껴지는지 둘러보는 시간을 가져라. 나는 몇 년간 주말마다 판교·광교·위례·운정·별내·미사·동탄·향남·일산·신동·소사벌·청라·영종 등 수도권 대부분 택지지구를 찾아 거의 모든 건물들을 다 둘러봤다. 내 건물을 지으려면 이 정도의 정성은 필요하다.

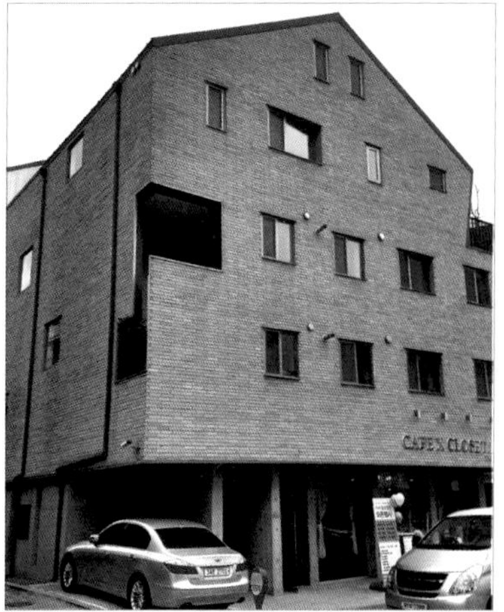

개성 있고 스타일리시한 상가주택 외관들

처음에는 걷는 취미에 재미를 붙이기 위한 차원이었다. 건물들을 그냥 아무 생각 없이 봤다. 그러자 얼마 후부터 패턴들이 보이기 시작했다. 왼쪽이 깎인 건물이 자주 보였고, 지역마다 주로 쓴 외장재가 다른 것도 알아챌 수 있었다. 다음에는 자연스럽게 일조권, 층수, 주차대수 등 카테고리 별로, 보다 체계적으로 건물이 보였다. 그러다 보면 '어떤 건물이 멋진지, 왜 저 건물은 저렇게 지을 수밖에 없었는지' 하는 분석적인 생각을 하게 된다. 이런 과정을 통해 점점 내 집에 대한 가상의 이미지를 만들었다.

나도 처음에는 '왜 저 땅에 단독주택을 지었지? 상가주택을 지으면 안 되었나? 왜 저 건물엔 상가가 없지? 저 건물은 왜 3층이고, 이 건물은 왜 4층이지?' 등 초보적인 질문들을 많이 했다. 이러한 문제에 대한 답은 금방 찾을 수 있었지만, 글이나 책으로 습득하는 것보다 실제로 보면서 궁금증을 느끼고 답을 얻었기에 더욱 와 닿았던 것 같다. 물론, 그렇게 돌아보는 것은 많은 시간을 필요로 한다. 사진으로만 건물을 느끼는 데는 분명 한계가 있다. 시간을 내서 발품을 판다면 그만큼 당신이 원하는 바를 더 정확하게 알 수 있을 것이다.

공부와 마찬가지로 이론과 실습의 반복이 성적 향상의 지름길이다. 시중에 나와 있는 책들을 참고로 본 후, 답사를 다니면 더욱 좋다. 아쉬운 것은 상가주택에 대한 사람들의 관심에 비해 관련된 책은 그리 많지 않다는 것이다. 또한, 발행된 대부분의 책은 건축가 혹은 시공사가 쓴 책이라 건축주가 배워야 할 것과 고민할 것들에 대한 내용보다는 '건축주의 이런 요구사항을 받아 이렇게 지었어요' 하는 식의 문제 해결에 주로 포커스를 맞추고 있다.

다양한 정보를 인터넷을 통해 구할 수도 있다. 당신이 지금 할 수 있는 방법이고, 건축을 생각하는 사람들이 가장 많이 활용하는 방법일 것이다. 지역별 상가주택 및 다가구주택을 짓는 온라인 카페에 가입하거나 관련 블로그를 통해 많은 정보들을 최대한 모아보자. 걸러야 할 것도 분명히 있지만, 요즘에는 온라인상에도 고수들이 많고, 집을 지어본 다양한 경험과 성공·실패 사례를 간접적으로 접할 수 있을 것이다. 많은 정보를 접하다 보면 자연스레 원하는 답을 가려 볼 수 있게 된다. 아래 참고할 만한 사이트를 추려본다.

① 하우OO

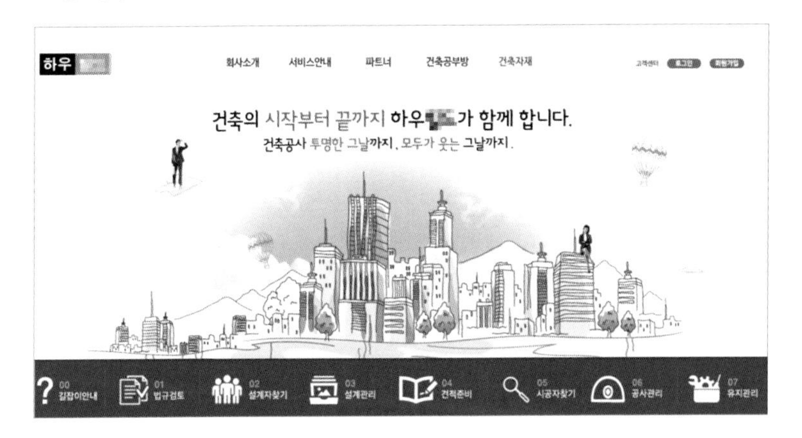

집짓기를 위한 플랫폼이라 볼 수 있다. 원하는 금액대를 적어 직접 제안서를 내면, 그 금액에 맞는 설계·시공사들이 작업을 해서 피드백을 준다. 이 안을 검토하여 자신과 가장 맞는 업체를 직접 선정한다. 주로 얻을 수 있는 정보는 집을 짓기 위한 전체적인 비용 및 유사 사례, 집

을 짓는 일반적인 프로세스, 설계 제안 이미지 사례 등 전반적인 프로세스와 왜 저런 프로세스들이 필요한지 등에 대한 내용이다.

단, 내가 생각하는 기준과 다른 기준으로 비용이 책정되거나, 내가 원하는 업무·프로세스 등이 제외되어 있을 수도 있다. 기본적으로 스터디할 수 있는 자료들을 많이 참고하면 도움이 될 것으로 본다.

② OO아빠가 하고 있는 OO친구들

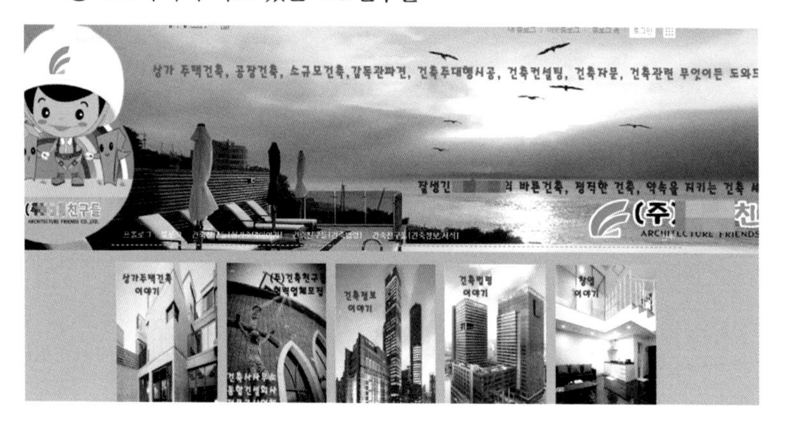

이 사이트는 건축사도 시공사도 아닌, 주로 상가주택과 같은 소규모 건축 컨설팅을 해 주는 개인 블로그이다. 그러나, 요즘은 블로그 이웃이 폭발적으로 늘어나면서 많은 업무 제안이 있는지, 예전만큼 활동이 활발하지 않다. 솔직하고 현실적인 정보를 좋아하는 요즘 추세를 반영해 신뢰를 얻은 블로그다. 특히, 건축 공정별로 정리되어 있는 부분은 이래도 될까 싶을 만큼 객관적으로 매우 잘 정리되어 있다. 단, 정보들이 현재 기준으로는 3~5년 전 내용이 대부분이므로 감안해서 볼 필요

가 있다. 프로세스와 각 공정에 따른 디테일을 공부하고자 한다면 이 블로그를 추천한다. 처음에 한 번 보고, 나중에 그 공정을 앞두고 있을 때 다시 한 번 본다면 더 확실하게 공부가 될 것이다. 그러나 이 또한 정답이 아닌 하나의 방법과 개인적인 생각, 믿음, 경험이라고 생각하고 접근하는 것이 좋다.

③ 지역별로 형성된 카페들

광교에서 출발한 온라인 카페 〈상가주택 OOO〉는 각자의 건축 경험담, 관련자들의 질문과 답변 등 사례별로 공부하기 좋다. 직접 질문하고, 검색한다면 많은 궁금증을 해소할 수 있다. 집을 지으면서 먼저 공부한 사람들이 친절하게 답해주는 문화도 잘 형성되어있다.

특히, 집을 다 지은 후 사람들이 궁금해 하는 건축가, 시공사, 공법, 외장재, 인테리어 등에 대한 현실적인 질문과 답변들이 활발하기 때문에 실질적이고 최적화된 답을 찾기는 매우 좋은 카페이다. 단, 이러한 지역별 카페는 그 지역이 모습을 갖추고 나면 카페의 동력이 많이 떨어지기도 한다. 따라서, 한 카페만 고집하기보다는 여러 카페를 같이 보는 것을 권한다. 최근 새롭게 건축 붐이 생기는 지역의 건축주들과 네트워크를 형성하는 것도 하나의 방법이다.

④ 임O사업자 모임

상가주택의 목적은 임대 수익이기 때문에 건축을 하기 전과 후 임대 상황에 따른 고민이 생기기 마련이다. 이 카페는 임대 수익률 산정, 임대 트렌드, 임대 시장 상황, 임차인과의 문제에 대한 고민 상담 등을 살펴보기에 적당하다. 위 지역의 건축 관련 카페들과 마찬가지로, 서로 돕는 분위기가 형성되어 있으므로, 질문과 답변 검색들을 통해 나에게 맞는 답을 찾을 수 있다. 그리고, DIY로 수리와 설치하는 방법, 임차인과의 관계, 임대 경쟁력을 높이는 법, 계약하는 방법 등 임대사업자에게 도움이 되는 정보를 제시한다.

⑤ 지O아빠의 OO세상

상가주택은 아니지만, 집짓기 전반에 대한 많은 정보를 구할 수 있는 온라인 카페. 멤버 수가 많기 때문에 다양한 정보가 축적되어 있다. 그러나, 단독주택 및 농촌 지역의 주택들에 대한 건축이 주를 이루기 때문에 상가주택이나 다가구주택 등 임대 관련 정보에 대해서는 제한적일 수 있다.

⑥ 각종 자재관련 사이트·카페

외장재(대리석, 벽돌, 스터코 등) 별 전문 카페와 사이트, 인테리어(싱크대&붙박이 카페, 조명사이트, 벽지&타일 등) 전문 사이트 등을 통해 다양한 정보를 구할 수 있다.

⑦ 공정별로 업체들이 정리한 블로그

가구공사는 싱크대·붙박이장 업체, 창호공사는 각종 브랜드 대리점 등를 활용하면 기본적인 내용을 공부하는 데 많은 도움이 될 것이다.

다양한 사이트를 이용하되, 그 정보가 100% 맞다는 생각은 늘 경계해야 한다. 전문가도 많지만, 아마추어들이 자신의 경험만을 바탕으로 진리인 것처럼 이야기하는 경우도 적지 않기 때문이다. 이 책을 쓰는 나 역시도 여기에 포함될 수 있다는 것을 다시 한번 강조한다.

공부할 수 있는 방법은 위에서 제시한 것 외에도 아주 많다. 의지만 있다면 얼마든지 공부할 수 있다. 공부가 싫다면 이를 대신할 방법도 얼마든지 있다. 공부를 많이 한다고, 집이 꼭 잘 나오는 것도 아니다. 다만, 분명한 것은 공부를 많이 할수록 휘둘리지 않고, 내가 원하는 바를 정확하게 알 수는 있을 것이다. 또한, 아무리 공부를 많이 해도 추후 공사에 들어가면 시공사를 믿고 맡겨야 하는 부분들도 분명 존재한다.

Question 06

나의 성향에 맞는 공사 방법은?

자신의 여행 스타일을 떠올려 보자. 꼼꼼하게 분 단위로 계획하는지, 발길 닿는 대로 자유롭게 여행하는 스타일인지 본인의 성향을 알고 공사 방법에 대입해 보자.

① 나는 시간이 많다? 시간이 없다?

건축을 하기 위해서는 상당 시간의 고민이 필요하다. 시간의 여부에 따라 건축 방식은 바뀌어야 한다. 상가주택을 짓고자 하는 다른 건축주를 만나보면 대부분 은퇴를 앞두고 있거나, 은퇴를 한 이들이다. 이들 중 매일 현장에 나와 같이 일하거나 공사 과정을 계속 지켜보는 사람도 있고, 시간을 내어 잠깐 둘러보다 가는 이도 있다. 상대적으로 시간이 많으면 지속적으로 현장에 신경을 쓸 수 있고 살펴볼 여유가 있다는 말이다. 따라서, 건축주가 시간이 많다는 것은 건축에 있어서 큰 강점이 될 수 있다. 시간의 많고 적음은 내가 공사에 얼마나 관심을 갖고 개입할 수 있느냐, 혹은 원하는 건축가나 시공사를 선택할 수 있느냐를 가르는 중요한 판단 요소라고 생각한다. 더불어 충분한 시간 동안 공부를 통해 더 좋은 디자인을 내고, 비용도 절감할 수 있는 이점도 있다.

② 나는 계획대로 움직이는 것이 좋다? 자율적인 것이 좋다?

가성비를 특히 중요하게 여기는지, 남에게 맡기기보다 직접 하는 것이 속이 편한지 스스로를 파악할 필요가 있다. 과정마다 직접 건축가·시공사와 소통하면서 추진할지 아예 일임하는 게 맞는지 그 성향에 따라 공사 진행 방법도 달라진다.

판단이 안 선다면 자신의 여행 스타일을 대입해 보자. 어떤 사람은 떠나기 전 엑셀에 분 단위로 계획을 짜서 그대로 실행하는 반면, 어떤 사람은 '여행은 발길 가는 대로 가는 거지'라며 자유도를 중요하게 여기기도 한다. 분 단위 계획을 세워 여행을 추진하는 사람은 자신이 직접 프로세스를 주도할 수 있는 건축가와 시공자를 선정하는 방법이 적당할 것이다. 그렇지 않고 자유도가 중요한 사람은 정말 믿을 만한 사람에게 처음부터 끝까지 맡기되 지속적으로 체크할 수 있는 방법을 마련해 두는 것이 좋을 듯하다.

③ 많은 스트레스를 넘기며 문제를 해결할 자신이 있다? 없다?

자신이 문제해결 능력이 충분하고, 꼼꼼하며, 시간이 많은 사람이라면 직영공사를 잘 해낼 수 있을 것이라고 본다. 여기에 열정까지 있다면 큰 문제가 없을 것이다. 그러나, 임대가 포함된 상가주택의 경우는 법적으로 직영공사가 사실상 불가능해졌다. 때문에 자재만큼은 건축주가 직접 선택하도록 해 주도권을 완전히 주지 않는 것도 방법이다. 그러나 만약 문제해결 능력이 떨어지고, 스트레스를 매우 많이 받는 성향인데다 건축에 있어 아무리 생각해도 자신이 없다고 판단된다면 전문가에게 일임하는 편이 낫다. 아무리 좋은 정보들이 많이 있다 해도 일반인에게 건축은 절대 쉬운 일이 아니다. 공부를 많이 하되 믿고 맡기면서, 필요한 순간에 신속하고 정확한 선택을 하는 것이 좋다.

[본인의 성향에 맞는 공사 방법 찾기]

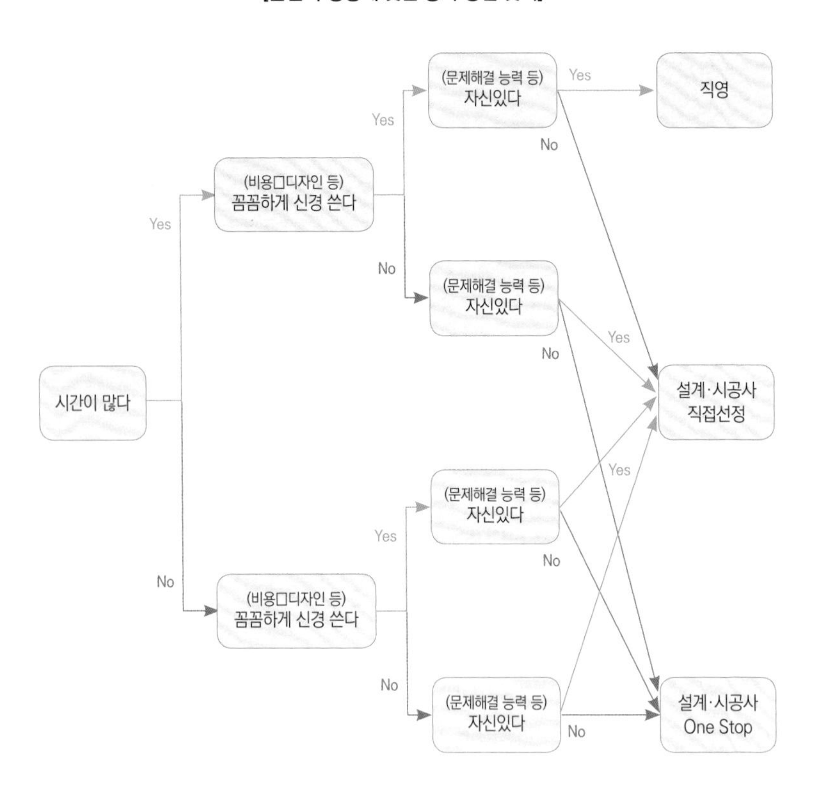

Question 07

어떻게 건축을 시작할까?

직접 발품을 팔아 건축가와 시공자를 찾아보거나 건축플랫폼 등을 이용하는 것도 방법이다. 어느 주체에 맡기더라도 결정까지는 신중해야 한다.

직영 공사는 간단하게 말해서 설계도대로 모든 의사를 결정하고, 프로세스별로 업체에 직접 연락, 진행도 본인이 하는 것을 말한다. 단, 현장 및 진행에 대한 관리 감독이 필요하기 때문에 현장 소장을 고용하는 것이 일반적이다. 이 경우 현장 소장의 경험과 노하우가 매우 중요하므로 좋은 현장 소장을 잘 골라야 한다. 현장 소장과 잘 맞지 않으면 괴로운 공사기간이 될 것이다. 보통 건축을 몇 번 해 본 사람들이 많이 진행하는 방법이고, 주택 신축 판매업을 하는 사람들이 주로 쓰는 방법이다.

직영의 가장 큰 장점은 건축주가 업체를 직접 선정하고 비용 지불을 하기 때문에 금전적인 사고가 날 확률이 적다는 점이다. 그리고 시공 회사 운영에 들어가는 간접비 등 부가적인 비용이 덜 들어 건축비를 절감할 가능성이 높다. 실제 공부가 어느 정도 되어 있는 상태에서 '저 건물은 7~8억 원 정도 들었겠구나' 생각하고, 건축주에게 직접 물어보니 5억 원 정도로 하나부터 열까지 자기가 직접 챙기는 직영으로 지었다는 대답을 들은 적이 있다. 많은 사례를 볼 때 직영으로 할 경우 비용을 20~30% 정도 절감할 수 있을 것이라고 본다. 단, 공사가 잘 진행되었을 경우이다.

그러나, 직영 공사의 단점은 뭐니뭐니 해도 진입장벽이 높다는 것이다. 처음 건축을 하는 사람이라면 아주 많은 공부를 하지 않는 한, 거의 불가능에 가깝다. 이론적으로 공부를 많이 했다고 해도 불투명한 프로세스와 막연한 두려움 등으로 막상 시작하기는 힘들다. 공사에 대한 모든 프로세스를 알아야 하고, 공종별로 일하는 전문 업체를 알고 어떤 팀이 일을 잘 하는지, 비용은 적당한지에 대한 판단 기준도 있어야 한다. 이 모든 것을 원활하게 진행할 수 있는 능력을 갖기는 쉬운 일이 아니다. 따라서 내 능력과 상황이 된다면 직영 공사를 고려할 수 있겠지만, 그렇지 않다면 전문가 손에 맡기는 것이 낫다. 또한 직영 공사로 인한 여러 가지 문제점 때문에 상가주택은 종합건설업 면허가 있는 시공사에게 지어야 한다는 법규 변화가 생겼다. 구체적인 변경 내용은 곁다리 얘기로 설명한다.

① 건축가와 시공사 직접 선정

자신이 평소 눈여겨봤던 건물의 건축가 및 시공사들을 직접 찾아 소통해 보는 방법이다. 이런 경우는 많은 노력을 필요로 한다. 발로 뛰고, 눈으로 찾아 원하는 건축물의 건축가, 시공사 리스트업을 하는 것이 우선이다. 앞서 언급했듯이 직접 건물을 보러 돌아다녔다면 자신이 원하는 스타일의 건축물 스타일을 잘 알 것이다. 같은 지역에 비슷한 건물이 몇 개 더 있다면, 같은 건축가 혹은 시공사가 지었을 가능성이 있다. 이 경우는 용기를 내 주인 세대 벨을 눌러보도록 하자. 경험상 반반의 확률로 당신을 반겨줄 것이다. 건축주들은 자신의 건물이 매력 있다고 얘기하면 매우 친절하게 경험담을 들려주곤 한다. 그러니 건축주를 만났을 때 물어보고 싶은 질문 리스트를 미리 정하고 방문해서 인터뷰하면 좋다. 잘 지었다고 칭찬을 더할수록 양질의 정보를 줄 것이다. 다음에는 연락처를 받은 건축가를 직접 찾아보고 설계 진행 가능 여부(일정이 안 맞는 건축가도 적지 않다)와 설계비 등을 물어 본다. 또한, 기존에 작업했던 비슷한 규모나 용도의 설계 작업을 보여달라고 요청하자. 이렇게 건축가와 미팅을 가진 후 건축가가 추천하는 시공사, 인근에서 추천하는 시공사, 혹은 온라인 카페나 건축 박람회 등에서 알게 된 시공사를 추려서 다음 단계에 들어간다.

② 원스톱으로 설계 및 시공 맡기기

설계부터 시공까지 끝까지 한 업체에 믿고 맡기는 방법이다. 건축주가 신경 써야 할 부분은 적지만, 비용은 그만큼 올라간다고 보면 된다. 또한 시공자가 설계를 외주에 맡기는 경우 진행이 빠르고 보편적인 설계를 얻을 수 있다는 장점이 있지만, 시공자를 견제할 방법이 없고 디자인 요소보다는 시공의 편의성에 초점이 맞춰질 수 있다. 또한, 주변에서 흔히 볼 수 있는 비슷비슷한 건물이 될 가능성이 높다는 점도 감안해야 한다.

반대로 건축가가 프로젝트 매니저(Project Manager)가 될 경우 개성 있는 디자인, 디테일이 뛰어난 점 등의 장점이 있지만, 실용성이 부족하고 공사비가 높아질 가능성도 있다. 따라서, 이를 적절히 보완할 수 있는 방법으로 설계와 시공을 한 회사가 원스톱으로 진행하는 곳을 고르는 것도 대안이 될 수 있다. 돈은 조금 더 주더라도 일정 수준의 퀄리티를 담보하고, 본인이 건축 과정을 감당할 수 없는 상황이라면 원스톱 방법을 취하는 것이 좋을 듯하다.

단, 어느 주체에 맡기더라도 고민은 충분히 해야 한다. 아주 잘 지어진 건물을 찾아 지은 사람을 물어보면, 많은 사람들이 자기가 지었다고 나서기도 한다. 사람이나 회사의 이전 작업과 평판 등을 확인하고, 선배 건축주들도 직접 만나본다. 유명세에만 휩쓸리지 말고, 많은 업체를 비교하지 않은 채 쉽게 결정을 내리는 것도 피해야 할 것이다.

③ 건축플랫폼을 통한 집짓기

하우OO를 비롯한 건축플랫폼을 통해 직접 발품을 팔아 각 회사를 비교하고 선정하는 방법이다. 어느 정도 건축할 수 있다는 자신감과 신경 쓸 적당한 시간도 있으나, 자신감이 다소 부족한 경우에 맞는 방법으로 보인다.

건축 플랫폼은 땅에 대한 간단한 법규를 검토해 준다. 예를 들어, 상가를 만들 수 있는지, 몇 가구를 지을 수 있는지, 건폐율·용적률을 적용하면 총 대지면적 중 연면적 얼마 짜리 건물을 지을 수 있는지, 일조권은 어떻게 받는지, 주의할 점은 뭐가 있는지 등을 알려준다. 이후 건축플랫폼과 더 진행하고자 한다면 설계 의뢰를 하면 된다. 자신이 원하는 설계 단가를 정하고,

의뢰를 하면 단가가 맞는 건축가들이 나의 주문에 입찰을 하고, 그중 선택하면 된다. 선택되지 않은 회사에는 일정 금액의 미선정 위로금(Reject Fee)을 준다. 일종의 프리젠테이션 비용이 지불되기 때문에 무조건적으로 입찰을 올리는 건축주들을 사전에 방지할 수 있다.

업체가 확정되면 설계를 진행한다. 그 후, 설계를 마친 도면으로 평당 단가와 전체 건축비를 정하고 같은 프로세스로 시공사를 입찰한다. 입찰한 시공사들의 총 금액과 세부 견적을 비교해 보고 판단한다. 레퍼런스를 체크할 수 있는 방법으로는 건축이 완료된 건축주 중 입찰에 참여한 건축업체들의 평을 들어보는 것도 방법이다. 그러나, 건축주와 시공사 서로의 관계에 의해 다소 포장될 수 있음도 감안해야 한다. 결국, 가장 정확한 확인 방법은 건축주를 일대일로 만나보는 것이다.

곁다리 얘기 9

연면적 200㎡ 초과, 임대 및 분양 목적은 직영 시공 금지

2018년 6월 27일부터 시행된 건설산업기본법 개정안에 따르면 연면적 200㎡(약 60평)를 초과하는 건축물, 그 이하라 하더라도 다중·다가구주택 등을 포함해 임대 및 분양을 목적으로 하는 건축물은 건축주 직영 시공이 금지된다.

위 기준에 해당하는 건물을 지을 때는 종합건설업 면허를 소지한 시공사와 도급계약방식 절차를 밟는다. 설계도면을 기준으로 견적을 받아 금액이 책정되면 그 금액 내에서 시공사가 책임을 지고 건물을 완성해야 한다. 건축주가 신경 쓸 점이 상대적으로 적고, 하자이행보증증권을 발행 받을 수 있어 이점이나, 부가세 납부 등 건축주가 내야 하는 전체 비용은 기존보다 높을 수밖에 없다. 또한 면허를 불법으로 임대해 사용하는 업체는 아닌지, 유의해야 한다.

건설산업기본법 제41조 개정 전후 비교

전	후
1. 연면적이 661㎡를 초과하는 주거용 건축물 2. 연면적이 661㎡이하인 주거용 건축물로서 공동주택과 단독주택 중 대통령령으로 정한 일부(다중주택, 다가구주택 미포함) 3. 연면적이 495㎡를 초과하는 주거용 외의 건축물 4. 연면적이 495㎡ 이하인 주거용 외의 건축물로서 많은 사람이 이용하는 건축물 중 학교, 병원 등 대통령령으로 정하는 건축물	1. 연면적이 200㎡를 초과하는 건축물 2. 연면적이 200㎡ 이하인 건축물로서 공동주택, 단독주택 중 대통령령으로 정한 일부(다중주택, 다가구주택, 공관 등 포함), 주거용 외의 건축물로서 많은 사람이 이용하는 건축물 중 학교, 병원 등 대통령령으로 정하는 건축물

Question **08**

총예산이 얼마나 될까?

건폐율 60%, 용적률 180~200% 정도 될 경우,
토지비를 제외하고 전체적으로 들어가는 비용은
[땅 면적(평) × 1,000만원] × ±10~15% 정도로 본다.

위의 답변은 개인적인 경험에 의한 산술평균이다. 아직 건축을 시작하기 전이라면 너무 많이 잡았다고 생각할 수 있지만, 완공 후까지 들어가는 총 비용을 놓고 본다면 터무니 없는 금액은 아닐 것이다.

예를 들어, 80평 건물이라면 토지 제외 전체 7억~9억 원 정도인 셈이다. 여기에는 순수 건축비, 설계비, 인테리어비, 엘리베이터 및 각종 인입비, 이자 비용, 에어컨 및 가전, CCTV 등 모든 비용을 포함한다. 물론, 건폐율과 용적률에 따라 차이가 크고, 자재의 수준에 따라 천차만별이겠지만, 러프하게라도 정리하는 이유는 처음에 시작할까, 말까를 고민하는 시점에서 누구 하나 속시원하게 금액을 이야기해 주는 사람이 없었기 때문이다.

투입되는 예산의 카테고리를 구분하면 다음과 같다.

· 설계비 : 보통 1천만 원~3천만 원 수준

· 감리비 : 설계와 감리는 별도로, 약 1천만 원~1천 5백만 원

· 건축비 : 토목, 골조, 외장, 설비, 내장, 인테리어, 엘리베이터 등 포함

· 가구·가전비 : 싱크대, 붙박이장, TV, 냉장고, 에어컨 등 가전&가구

· 기타 : 민원, 간판, CCTV, 조경 등 각종 기타 비용

· 세금 : 취득세, 인입비 등

[지출 내역 비중 표]

구분	비중	구분	비중
건축비	75.9%	가구 (붙박이장, 싱크대)	2.5%
설계비	4.9%	가전	2.3%
감리비	1.5%	취득세, 인입비 등 세금	6.7%
엘리베이터/CCTV 등	5.0%	이자	1.2%

평당 공사비가 350만 원이라고 말하는 어떤 업체는 엘리베이터가 별도라 하고, 어떤 업체는 인입비 별도, 가구·싱크대 별도, 다른 곳은 부대공사 별도, 인테리어 별도 등 옵션에 따라 가격이 크게 달라졌다.

평당 330만 원이라고 얘기하는 어떤 업체는 같은 땅인데 공사면적이 달라지기도 한다. 대지면적은 같은데, 공사면적이 어떤 업체는 170평, 어떤 곳은 130평 등 달라진다. 그래서 평당 얼마에 공사를 했다는 얘기는 사실상 정확하게 판단하기 어려운 부분이 있다(다락, 발코니 등 서비스 면적을 포함하는지에 따라 공사면적이 각기 다르다).

건축플랫폼 역시 마찬가지다. 골조 및 주요 사항을 제외하고는 별도로 추가 계약을 하는 구조이기 때문에 건축에 들어가는 총비용을 파악하기는 어렵다.

따라서, 자신만의 잣대가 있어야 한다. 나 같은 경우는 여러 업체의 기준을 내가 만든 한 가지 기준으로 통일하고, 모든 내용을 포함한 후 총비용으로 환산하여 업체를 비교했다.

(단위 : 백만원)

회사	A	B	C	D	E	F
건축수준	중	중상	중상	상	중하	중상
공사면적	132.0	140.0	143.0	135.0	135.0	135.0
건축비	5**.0	5**.0	5**.0	5**.0	4**.0	4**.5
건축비(평당)	3.*	3.*	3.*	4.*	3.*	3.*
설계비	1*.0	1*.0	1*.0	1*.0	1*.0	1*.0
감리비	6.7	6.7	6.7	6.7	6.7	6.7
인입비	23.0	20.0	15.0	20.0	23.0	20.0
EV	-	-	35.0	-	35.0	30.0
VAT	-	-	6.0	-	-	-
기타	-	10.0	-	10.0	30.0	10.0
종합	5**.7	5**.7	6**.7	5**.7	5**.7	5**.2
취득세	18.1	19.4	20.0	19.5	18.2	18.2
총 비용	5**.8	6**.1	6**.7	6**.2	5**.9	5**.4
비고	· 포트폴리오 그다지 마음에 들지 않음 · 설계는 괜찮은 듯 · 세라믹사이딩 + 청고 + 징크 大 · 세대 늘릴 경우 비용 추가 가능성 大	· 포트폴리오 2/3등 · 동탄지역 평가 우수 · EV 포함	· 포트폴리오 2/3등 · 다양한 포트폴리오 · 꼼꼼한 공정관리	· 포트폴리오 1등 · 총비용 올라갈 가능성 有 · 설계가 그다지...		

Question 09

예산을 얼마나, 어떻게 마련할까?

최소 총비용의 70% 이상은 확보한 후 공사에 임해야 한다. 그렇지 않으면 끌려다니거나, 선택에 제한이 생기거나, 시공 중 문제가 발생할 수 있다.

일반적으로 공사비를 마련하는 방법은 크게 세 가지 있다. 첫째는 당연한 얘기지만 본인이 갖고 있는 예산을 활용하는 것, 둘째는 대출, 셋째는 공사업체와의 외상거래이다. 이 중 첫째와 둘째는 특별히 고민할 부분이 없지만, 세 번째는 꼭 말리고 싶다.

많은 업체가 땅만 있으면 큰 비용 없이 집을 지을 수 있으니, 자신들에게 맡겨달라고 얘기를 한다. 그러나 매우 조심해야 할 부분이 여기 있다. 왜냐하면 집을 지을 때는 내 요청사항을 거리낌 없이 얘기할 수 있어야 하는데 공사업체와 외상거래를 할 경우는 업체의 눈치를 보게 된다. 또한, 공사비가 지속적으로 늘어나는 경향이 있다. 쉽게 말하면 갑과 을이 바뀌어 끌려가는 공사가 되고, 결국은 내가 원하는 공사가 되지 않는다.

결국은 건축업자가 돈이 모자라 하도급업체에 돈을 못 주고 도망가는 경우, 건축업자가 공사 진행 중에 돈을 안 주면 더는 못하겠다고 으름장 놓는 경우 등으로 확대되어 공사가 멈추는 상황까지 이어지게 된다. 따라서, 돈이 모자라더라도 현재 토지를 기반으로 토지 담보 대출을 받든지, 사업자 대출을 받아서 기성으로(최대한 많은 횟수로 나누는 것을 권장한다. 대출 방법에 대해서는 51번 질문을 참고하길 바란다. 나의 경우는 10회차에 걸쳐 지불) 프로세스에 맞게 집행하는 것을 권한다. 즉, 내가 갖고 있는 돈과 토지를 담보로 마련한 대출 등을 갖고 70%의 공정까지 지급을 하고, 차후 입주보증금을 통해 잔금을 처리하는 방법을 추천한다.

직장인, 겁 없이
상가주택 짓다

제3장

설계, 시작하다

Question **10**

건축가의 의견을 어떻게 들어볼 것인가?

많은 관점과 힌트를 얻기 위해
프리젠테이션 비용을 지불하더라도
건축가들의 다양한 제안과 의견을 들어보는 것이 중요하다.

가설계*는 가장 기본적으로 당신의 땅에 대해 정교하게 공부하는 시간이 될 것이고, 처음으로 내 머릿속이 아닌 현실의 건물 모습을 보게 한다. 그러나, 많은 건축가들은 혹은 시공사들은 가설계가 의미없다고 말한다. 그러나, 가설계를 보고 뭐를 얻고자 하는지에 따라 필요 여부는 다를 것이다.

*최근에는 가설계라고 하기보다는 계획설계라고 하고, 점차 가설계(무료로 해주는)는 없어지고 비용을 지불하는 계획설계들을 많이 한다. 그러나 아직도 현장에서는 많이 쓰고 있고 빈번히 접할 수 있으므로 현장감을 살리기 위해 가설계라고 표현한다.

건축가들의 말이 틀린 것은 아니다. 가설계를 공사에 활용할 수는 없다. 본설계와 가설계는 매우 다르다. 단, 내가 가설계를 받아보라는 것은 진짜 설계를 위해서가 아니다. 가설계를 받아 보면 내가 지금까지 생각하지 못한 법규, 생각하지 못한 장점을 발견할 수 있다. 그리고, 그 가설계를 통해 건축가의 평소 실력과 스타일을 볼 수 있다.

나의 경우는 가설계를 통해, 이 땅에 건축한계선이 있어서 내 땅의 전면 1.5m를 주차 공간으로 쓸 수 없다는 사실을 알았고, 상가를 포기할 경우 최대 7개까지 가구 수를 늘릴 수 있다는 점을 알았다. 또한, 일조권 때문에 용적률을 다 채우기가 어렵다는 사실을 알고, 보다 현실적인 건물의 모습을 그릴 수 있게 되었다. 그리고, 가장 중요한 사실은 내 땅에 그릴 수 있는 그림이 무척 다양하다는 점을 안 것이다. 즉, 설계자에 따라 내 건물이 외관 뿐 아니라 면적까지도 전혀 다르게 나왔다.

A사무소는 상가 12평 + 각 12평 투룸 2개 + 각 13평 투룸 2개 + 13평(복층 포함) 주인세대를 제안했다. B사무소는 상가 11평 + 각 11평 투룸 2개, 각 15평 투룸 2개 + 16평(복층 포함) 주인세대로 설계했다. A, B사무소가 공간이 적게 나온 이유는 대피통로가 많은 면적을 차지하기 때문으로 보인다.

C사무소는 조금 달랐다. 상가 18평, 각 14평 투룸 2개, 각 18평 투룸 2개, 23평(복층 포함) 주인세대. 그러나 결정적으로 엘리베이터가 없었다(물론 이 건축가에게 그려달라고 할까 했으나, 좀 더 고민을 했었다). 추후 엘리베이터를 반영하면 위 면적들이 얼마나 줄어들지 알 수는 없었다.

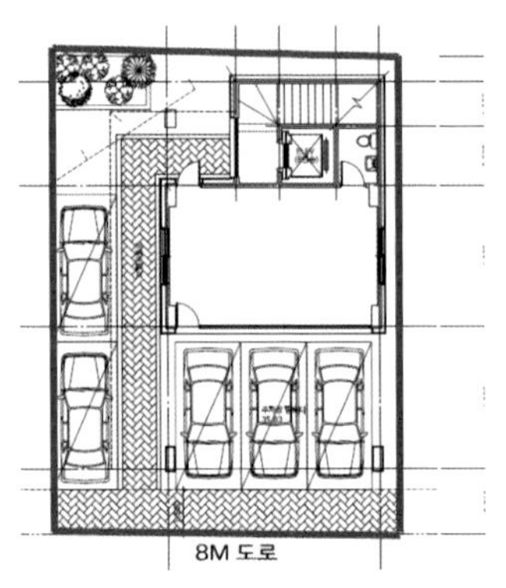

A사 가설계

상가	12평	1개
가구 구성	12평(2R)	2개
	13평(2R)	2개
	13평(2R+복층)	1개

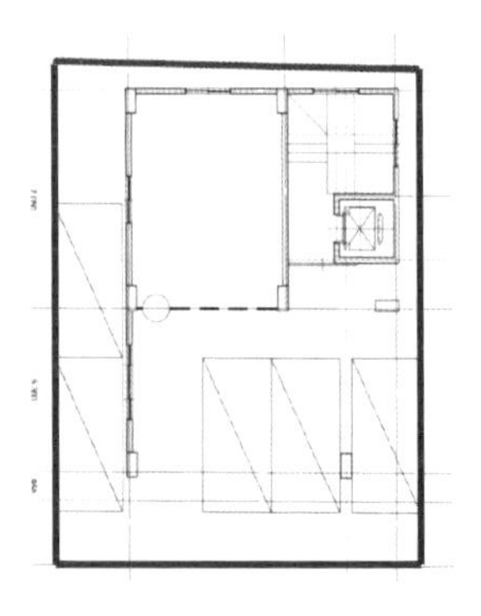

B사 가설계

상가	11평	1개
가구 구성	11평(2R)	2개
	15평(2R)	2개
	16평(2R+복층)	1개

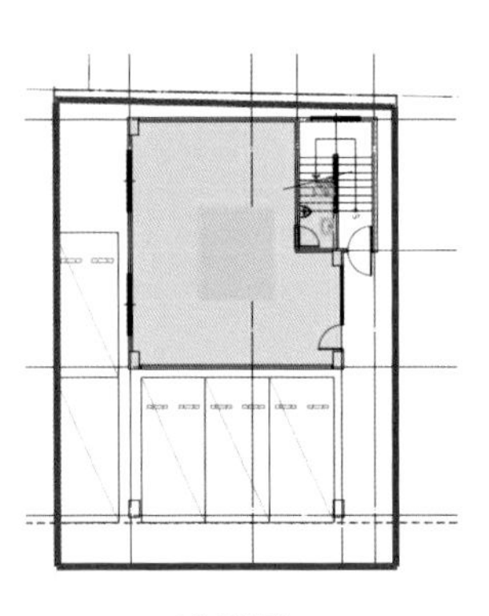

C사 가설계

상가	11평	1개
가구 구성	11평(2R)	2개
	15평(2R)	2개
	16평(2R+복층)	1개

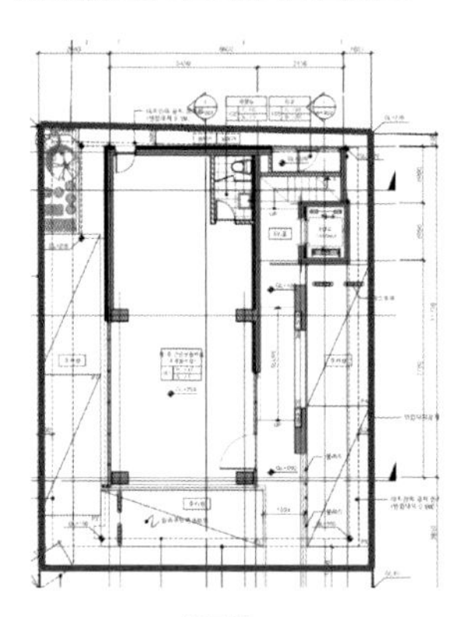

최종안

상가	20평	1개
가구 구성	11평(1.5R)	2개
	22평(3R)	2개
	22평(2R+복층)	1개

이렇게 설계 제안을 받아보니, 대피통로를 최소로 만들고 계단·엘리베이터 공간을 최소로 해야 상가와 주택이 커질 수 있다는 것을 새삼 알게 되었다. 더군다나 작은 땅에서는 그런 부분을 더 신경 써야 하는 이유이기도 하다. 그리고, 2, 3층은 가능하면 1.5룸과 쓰리룸을 2개씩 만들고 싶었다. 선택과 집중을 해야 하는 상황에서 계단실은 최대한 작게, 건축한계선에 최대한 가까이 주차할 수 있도록 하는 등 포기할 것은 포기하여 최대한의 면적을 만들었다. 이를 통해 결과적으로는 엘리베이터를 포함하고, 20평 상가 1개와 11평 1.5룸 2개, 22평 쓰리룸 2개, 23평 + 복층의 주인세대로 설계를 마무리할 수 있었다.

일반적인 택지 크기(신축판매업을 하는 사람들이 가장 좋아하는 택지는 80~100평 정도이다)보다 작은 상황에서 한 평의 땅이 아까웠기 때문에, 여러 고민과 건축가를 만나본 후 결정한 것은 매우 잘 한 일이라 생각한다. 결국 건축가들의 여러 의견을 듣지 않았다면 처음 받았던 안을 택했다 하더라도 잘 나온 설계인지 아닌지 판단하기 어려웠을 것이다. 그리고, 가설계를 받다 보면 내가 가진 땅의 현실적인 제약 조건을 알게 되고, 이상적으로만 생각했던 건축의 일면도 제대로 볼 수 있다. 이론적으로 건폐율·용적률만 생각해서 가구가 몇 개, 상가가 몇 개 나올 것이라 기대하지만, 실상은 그렇지 않다. 계단실과 엘리베이터 같은 코어가 건물에서 어느 정도 면적을 차지하고 기둥의 위치 및 건축한계선을 고려해 주차할 수 있는 공간이 실제 얼마가 나오고, 조경 면적이 필수적으로 얼마나 필요한지 등을 구체적으로 알게 된다. 이 과정에서 처음에 생각했던 이미지는 많이 바뀌고 면적도, 수익률도 많이 달라지게 된다. 결국 이 과정은 내 머릿속에 있는 내용을 처음으로 현실화시키는 작업이라고 생각한다.

여러 건축가들을 만나면 보는 눈이 생길 것이다. 같은 면적으로 어떻게 저렇게 잘 활용할 수도 있고, 저렇게 비효율적으로 만들 수도 있고의 스스로의 판단이 생긴다. 이러한 설계에 대한 몇 차례의 공부가 결국 건축가를 선택할 수 있는 자신의 힘이 된다.

물론, 가설계에 대한 비용 부담은 가져야 한다. 즉 설계자의 노고에 대한 보답은 당연히 해야 한다. 또한 마음에 드는 건축가에게 '다른 건축가의 저 부분을 차용해 달라'는 등의 상도에 어긋나는 요구는 하지 말아야 한다. 바른 상식과 감사한 마음을 갖고, 적정한 대가를 지불하겠다는 생각으로 건축가를 만나봐야 할 것이다. 나는 약 6~7개월 간 이런 시간을 가지며 내 땅에 대해 실질적인 공부를 했고, 많은 팁을 얻었다.

Question 11

어떤 건축가를 선택할 것인가?

먼저 나의 우선 순위를 정하고,
그 다음 나와 맞는 건축가를 찾자.

살면서 잘 맞는 사람이 있고 안 맞는 사람이 있다. 이는 사람마다 다르다. 내가 꼼꼼한 사람이면 꼼꼼한 건축가를 만나야 하고, 내가 창조적인 사람이라면 창조적인 건축가를 만나야 과정이 즐거울 것이다.

말이 많더라도 믿음이 가는 사람, 무뚝뚝해도 스마트해서 좋은 솔루션을 제안하는 사람 등 다양한 건축가들이 당신을 기다리고 있다. 포트폴리오를 통해 마음에 드는 건축가를 일차적으로 추린 후, 건축가와 직접 만나본 결과 나와 잘 통하고 맞는다고 느낀다면 적어도 나한테 있어서는 좋은 건축가가 되어줄 것이다.

설계비용이 높은 사람도 있고, 시세보다 저렴한 사람도 있다. 유명해서 좋을 수도 있지만 내가 원하는 상황 이상으로 너무 으리으리한 설계안을 줄 수도 있다. 이제 막 개업한 건축가가 아주 효율적이고 실용적인 건물을 제안할 수도 있다. 나의 상황과 성향, 비용까지 이해하는 사람을 만나야 한다. 그리고, 또 하나 고민되는 점이 건축허가 때문에 땅이 있는 지역 소재의 건축가를 택해야 하는지 부분이다. 그러나 허가를 잘 받기 위해 지역 건축가를 찾을 필요는 없어 보인다. 지역조례 등 사항을 제대로 파악하고 제출 서류만 잘 챙기면 허가상 문제될 것이 없고, 감리자를 지역 건축가로 삼으면 이 역시 보완할 수 있다.

결국 나는 소통을 많이 하는지, 디자인 감각이 있는지, 건축비를 같이 고민해 줄 수 있는지를 먼저 따졌다. 그리고 말만 앞서지 않고 실행력이 좋은지도 기준으로 삼았다. 무엇보다 본인이 중요하게 생각하는 설계의 관점이 무엇인지 잘 알아야 한다.

내가 생각한 건축가 선정 기준

1. 시공비 절감을 위해 최대한 같이 노력하는 사람
2. 시공 및 자재 등에 대해서도 상당한 지식이 있는 사람(시공과 자재비에 대한 가격과 현실을 모르는 경우가 종종 있다)
3. 건축주의 의견을 유연하게 설계에 반영해 주는 사람
4. 소통을 자주, 정확하게 할 줄 아는 사람
5. 디자인과 공간 기획 능력이 뛰어난 사람

이 다섯 가지가 내가 원하는 건축가의 조건이었고, 결론적으로 설계도면 및 시방서 등을 정교하게 만들어 시공비를 줄이고, 건물이 예상했던 대로 나오기 위해 가장 적합한 건축가를 택했다. 남들 기준으로는 다소 높을 수 있는 설계비를 지불했지만, 결과적으로 비슷한 조건의 상가와 비교해 5~7평, 주거공간에는 총 10평 이상의 서비스 공간이 더 생겼고, 시공비도 처음 계획할 때와 크게 다르지 않은 수준으로 마무리되었기 때문에 매우 만족하고 있다.

 **곁다리 얘기 10**

천차만별 설계비, 어떻게 봐야 할까?

1. 일명 '허가방'이라고 불리는 건축사사무소는 주로 500만~1,000만 원 정도의 설계비를 받는다. 건축물에 디자인적인 요소나 건축주의 라이프스타일은 거의 반영되지 않는다. 그 지역에서 건축허가는 받을 수 있는 정도의 수준이라고 보면 된다. 장점은 설계비가 싸다는 것. 그 지역에 대해 디테일한 건축 제한 등을 잘 적용하나, 단점은 건축 면적에 대한 깊은 고민이 없을 수 있으므로 면적 활용도가 다소 떨어질 수 있고, 기존에 해 왔던 것과 흡사한 설계를 제출한다는 점이다. 디테일한 건축 방법 등에 대한 시방서, 시공 과정에서 설계 변경, 시공을 가늠할 수 있는 견적 등이 어려울 수 있다. 초보 건축주는 지양해야 할 방법이다.
2. 집을 처음 지어보는 건축주들은 상가주택 설계를 전문으로 하는 지역 건축가 풀에서 찾기도 한다. 대략 설계비는 1,200~2,000만 원 수준이다. 이 정도 설계비를 받는 건축가들은 경우에 따라 작품이 나오기도, 허가방과 같은 수준을 내기도 하는 차이가 극명하다. 양해를 구하고 건축가들이 설계한 포트폴리오를 살펴보면서 외관·내부 구조 등을 확인하는 것도 방법이다. 이러한 건축가들은 실제 많은 사례를 통해 집의 세심한 부분까지 신경 쓴다. 또한 다수의 경험으로 시

공에 대한 지식도 높기 때문에(어떤 면에선 유명한 건축가보다 이 부분에서 더 탁월한 이들이 많다고 생각한다) 시공비를 고려한 설계가 가능하다. 단, 업무 범위는 상호 간 정확하게 규정할 필요가 있다. 예를 들어, '어려운/특이한 부분에 대한 시방서는 필수로 있어야 함', '재료에 대한 정확한 지정을 해야 함', '설계 변경은 몇 차례까지 가능함' 등을 명시하는 것이 안전하다.

3. 자신이 설계한 건물에 이름을 거는 건축가들은 최소 3,000만 원 이상의 설계비를 받는다. 훌륭한 디자인과 미적인 결과물, 효율적인 내부 구조 등의 장점이 있지만, 그에 걸맞는 시공비가 따른다. 구현하기 어려운 공법이나 특이한 자재들이 적용되는 경우가 많기 때문이다. 따라서 '비싼 설계=비싼 시공비'라고 생각해도 좋다. 건축주 입장에서 볼 때는 건축가에게 편하게 다가가기 어렵다는 점(사람마다 다르겠지만)이 단점으로 꼽힌다.

처음 상가주택을 짓고자 하는 건축주라면 상가주택을 전문으로 설계하는 건축가를 많이 만나보라고 권하고 싶다. 좀더 욕심을 내어 내 건물이 지역의 랜드마크가 되었으면 하는 바람이 있다면 이름 있는 건축가를 만나 비용을 조율하는 것도 방법이다. 단, 권위적이지 않고 소통에 인색하지 않는 건축가는 기본 조건이다.

※ 건축물의 외관만 보고 건축가를 판단하면 안 된다. 건축가 중에는 외관만 매우 창의적이고, 매력적으로 잘 뽑는 사람도 있다. 모두가 그의 건물을 보며 '멋있다'고 하지만 사는 사람들의 얘기는 다를 수 있다. 외부에 치중을 하다 보면 내부 동선이 꼬이고 구조가 복잡하거나, 비효율적일 수 있다. 외부의 디자인적 요소를 위해 내부의 실용성은 잡지 못할 수 있으니, 이러한 점도 잘 파악하고 선정해야 한다.

Question 12

가구 수를 어떻게 구성할 것인가?

먼저 현지 부동산중개소의 이야기를 많이 듣고나서 상가 유무, 원룸·투룸·쓰리룸 위주 등 가구 구성을 정한다. 가구 수는 수익률에 가장 큰 영향을 미친다.

본격적인 설계에 들어가기 앞서, 자신이 대략적으로 가이드라인을 정해야 하는 것들이 있다. 그중 수익률에 가장 큰 영향을 미치는 것이 가구 수다. 임대 현황은 당연히 현지 부동산이 가장 잘 파악하고 있을 것이다. 장기적으로 대규모 공사가 많이 이루어질 지역이라면, 현지 숙소로 쓰는 원룸 월세가 임대가 잘 될 것이고, 학군이 좋은 지역이라고 한다면 교육 때문에 가족이 이사할 수 있는 쓰리룸 전세가 인기가 높을 것이다. 따라서 이러한 상황을 잘, 그리고 길게 보고 가구 구성을 해야 한다.

먼저 고려해야 할 것은 그 지역의 가구 수 제한이다. 이 경우는 크게 고민할 것 없이 대부분의 택지지구 내의 규정으로 정해져 있는 가구 수를 어떻게 잘 구성할 것인지, 방을 몇 개로 만들 것인지 등 고민하면 된다. 가구 수가 7개 미만이거나 제한이 없을 경우는 많은 고민이 필요하다. 주차공간(가구 수 제한이 없더라도 일반적으로 주차대수는 가구당 0.7대 혹은 1대 정도로 맞춰야 한다) 설정이 어렵기 때문이다. 그래서 결국 가구 수 제한이 없는 지역에서는 건축가 능력이 주차대수를 몇 대나 뽑았느냐에 따라 정해진다는 말까지 나온다.

일반적으로 원룸 여러 개가 쓰리룸 1~2개보다는 수익률이 훨씬 높다. 그리고, 일반적으로 원룸은 월세, 쓰리룸은 전세로 계약하기 때문에 자신의 상황에 맞는 가구 수 전략을 잘 세워야 할 것이다. 그러나, 원룸 월세는 이동이 잦고, 계약 기간도 짧기 때문에 그만큼 임대의 불안정성이 크다. 신경 쓸 것이 많기 때문에 임대인이 이러한 부분까지 컨트롤 할 수 있는지도 고려해야 한다. 관리하기가 까다롭고 입주·퇴거가 잦은 원룸을 잘 관리하며 많은 수익과 리스크를 안고 갈 것인지, 아니면, 수익은 다소 낮으나 안정적인 임대료를 받을 것인지는 건축주의 선택 사항이다. 최근 상가주택, 다가구주택이 많은 지역에는 주택관리회사들이 건물을 관리해 주는 경우도 있다. 주택관리회사의 경쟁도 치열해 비용도 자리를 잡아가는 추세다. 해당 내용에 대해서는 53번 질문에서 자세히 다루기로 한다.

또한 상가를 어떻게 구성할지도 중요하다. 판교·광교·미사 등 상권이 잘 형성된 곳은 상가 위주로 설계가 이루어지는데, 상가의 면적만큼 주차대수가 줄어들거나 용적률이 그만큼 떨어지기 때문에 주택에서는 다소 불리할 수 있다. 반면 대학교나 공장이 밀집된 지역은 상가를 포기하고 원룸 위주로 설계되는 경향이 있다. 이는 상가 면적을 포기하면서까지 주차대수를 확보하여 많은 가구를 구성하기 위함으로 보인다.

일반적으로 상가는 원룸의 4~6배 수익을 줄 수는 있으나, 상권이 완벽하게 형성될 때까지 공실의 가능성이 높고, 초기에는 제대로 된 상가 임대료를 받기가 어렵다. 본인이 직접 상가를 운영하는 경우는 적극 권장한다.

곁다리 얘기 11

다중주택, 다가구주택, 다세대주택, 연립주택

1. 다중주택

건축법상은 단독주택으로 다가구 주택과 비슷하지만, 독립된 주거형태를 갖지 못한다. 즉, 욕실 설치는 가능하나, 취사시설은 갖출 수 없다. 연면적은 330㎡ 이하로 제한된다.

2. 다가구주택

1명의 소유자가 다수의 독립된 주거형태를 소유, 이를 임대하는 건물로 세대별 분양은 불가능하다. 연면적 660㎡ 이하로 건축된다.

※ 다중주택과 다가구 주택은 1층에 상가를 둘 수 있고, 주택의 층수는 3개층으로 제한되어 있다. 일반적으로 1층에 상가 혹은 필로티 주차장과 2~4층을 주택으로 건축한다. 단, 1층을 필로티 주차장으로 만들 때는 4층까지 지을 수 있다.

3. 다세대 주택

다가구 주택과의 결정적인 차이는 모든 세대가 독립된 소유권을 가질 수 있기 때문에 분양이 가능하다는 점. 다가구와 같이 연면적 660㎡ 이하로 건축된다.

4. 연립주택

층수가 4층 이하의 공동주택으로 연면적 660㎡ 이상의 건축물을 말한다.

Question 13

몇 층으로 지을 것인가?

이는 크게 중요하지 않다.
결국 공사비를 고려해 가구 수와 수익률을 따라야 한다.

용적률이 많이 초과한다면(허가면적 200평 이상으로 지을 경우 다가구주택으로 지을 수 없다) 굳이 4층으로 지을 필요는 없다. 땅이 커서 3층까지만 지어도 허가면적이 200평을 넘을 수 있기 때문이다. 그러나 일반적인 경우는 주로 4층까지 채워서 짓는다. 간혹 4층 + 다락 위주의 지역에 3층짜리 건물이 있는 경우가 있는데, 대개 그 지역이 조성될 초창기에 지어진 건물일 가능성이 높다.

참고로 사진 속 키 작은 건물 역시 근처 건축물 중 가장 먼저 지어졌기에 3층 구성이 되었다. 즉, 다른 건물과 비교할 수 없었기 때문

4층 건물 사이 3층 건물 홀로 있는 사진

에 건축주가 트렌드를 잘 몰랐을 가능성이 있고, 건축가가 이러한 판단을 바로잡아 주지 못했을 가능성이 있다. 또 공사비를 고려해 3층으로 짓는 경우도 있다. 이러한 건물은 엘리베이터가 없을 가능성이 높다. 주로 3층에 본인이 살기 때문에 '내가 살 건데 무슨 상관이냐?'는 마음으로 그렇게 짓는 것이다. 그러나, 엘리베이터가 없다는 사실은 매매 시 상당히 불리한 요건이며, 같은 3층이라도 임대 가격이 낮게 책정되곤 한다. 따라서 당장의 상황보다는 이 건물을 팔 때, 그리고 향후 10년 이상을 생각하고 건축을 해야 한다.

다소 건축비가 추가되더라도 다락도 최대한 살리는 것이 좋다. 다락은 서비스 면적을 넘어서 임차인에게는 집을 택하는 포인트가 될 수도 있다. 아파트에서는 누릴 수 없는 특별한 공간이기 때문이다.

Question **14**

엘리베이터는 꼭 필요한가?

A

4층 이상이면 무조건 넣어야 한다.
최근에는 3층 건물에도 넣는 추세이다.

불과 몇 년 전만 해도 4층 상가주택의 절반 정도는 엘리베이터가 없었다. 현재 수도권 지역의 신축 건물에는 거의 대부분 엘리베이터가 설치되어 있다 해도 과언이 아니다. 기존 건물을 리모델링하는 경우에도 엘리베이터를 추가 설치하는 것이 트렌드이다.

엘리베이터의 유무는 임대 및 매매의 결정적 조건이 되기도 한다. 심지어 엘리베이터가 없는 경우, 임대·매매를 아예 고려하지 않는 매수·임차인, 공인중개사도 많이 봐 왔다. 권하건대 임대료를 제대로 받기 위해서는, 혹은 추후 매매를 할 생각이 있다면 엘리베이터는 무조건 넣어야 한다.

나 역시 면적 때문에 엘리베이터를 넣을까 말까 제법 고민했지만, 넣기로 결정했고 지금은 다행이라고 생각한다. 엘리베이터 유무가 설계 전에 고려되어야 하는 이유는 계단실과 엘리베이터 공간으로부터 설계가 시작되기 때문이다. 이러한 공용 공간은 흔히 '코어(Core)'라고 불리는 중심부이다. 이 위치를 잡아야 주 출입구가 정해지고 주차장과 상가, 그 다음 가구 구성으로 들어간다. 설계 도중에 엘리베이터를 넣겠다고 의향을 바꾸면, 사실상 설계를 새로 하는 것과 마찬가지다. 따라서, 최근 추세에는 꼭 필요한 옵션이라고 생각하고 설계 시작부터 반영하기를 권한다.

Question 15

어떤 순서로 설계할 것인가?

설계의 순서는 크게 계획설계와 실시설계로 나뉠 수 있다. 조금 더 세부적으로 보면 1층의 구성 → 각 층의 평면도 → 입면도 및 단면도(여기까지 계획설계) → 설계 도서 작성 → 접수 → 인허가 → 최종 도서 접수의 순서이다.

물론 위와 같이 구분해서 하지 않는 경우가 더 많겠지만, 따지고 보면 비슷한 프로세스일 것이다. 상가주택·다가구주택은 일반적으로 주차대수에 따라 가구 수가 정해진다. 결국 주차대수를 어떻게 뽑느냐에 따라 수익률도 달라진다. 이러한 것이 주로 계획설계 중 1층의 구성 단계에서 거의 결정된다.

건물의 모양과 가치는 계획설계에서 80% 이상 결정된다. 계획설계는 세부적으로 설계를 하기 전 전체적인 '건물의 개요'를 만드는 것이라 볼 수 있다. 1층의 구성은 주차대수 및 상가면적, 코어(엘리베이터와 계단실)의 위치 등에 따라 건물의 외형과 수익률이 달라지게 된다. 가장 중요한 만큼 많은 고민을 건축가와 같이 해야 할 것이고, 1층 구성을 효율적으로 만든다면 설계의 절반은 한 것이다.

앞서 말한 바와 같이 1층에서 가장 중요한 것은 주차대수이다. 주차면적과 상가와 코어의 위치, 대피 통로(1.5m), 옆 건물과의 이격거리, 건축한계선 등을 고려하여 최적화된 1층 평면도를 만들어야 한다. 지속적으로 살펴보고 조금이라도 아쉬운 점이 있으면 건축가와 같이 고민해서 풀어야 하며, 계속 물어야 한다. 건축가는 빨리 진행해서 프로젝트를 끝내려고 할 것이다. 그렇기 때문에 당신은 시간을 많이 갖고 덤벼야 한다. 서로 시간이 없을 경우, 급해져서 꼼꼼하게 보기보다는 서로 빨리 진행하려는 생각이 들 수 있다. 적지 않은 비용을 들여 건축가를 고용한 것이기 때문에 최대한 그의 능력치를 활용해야 한다.

각 층의 평면도 역시 임대수익을 좌우하기 때문에 충분한 고민과 준비가 필요하다. 단순히 임대 놓을 생각만 하지 말고, 세입자 입장에서 필요한 가구는 무엇이고, 어떤 것까지 옵션으로 넣어 줄 것이며, 동선은 좋은지, 중문은 넣을 것인지, 에어컨 위치는 어디가 좋을 것인지, 싱크대는 크게 뽑을 것인지, 방 사이즈는 이 정도로 충분할지, 실질적인 크기가 적당한지 등 건축주가 신경 써야 할 것이 결코 적지 않다. 결국 이러한 세심한 배려가 임대의 경쟁력을 발휘할 것이다.

그리고, 내가 직접 살 주인세대(직접 살지 않더라도 주인세대는 보통 가장 큰 면적을 차지하기 때문에 매매에 결정적인 영향을 준다). 일조권 때문에 생기는 테라스는 얼마나 적극적으로 활용할 것인지, 방은 몇 개인지, 다락은 어떤 용

[그레이구스 설계안]

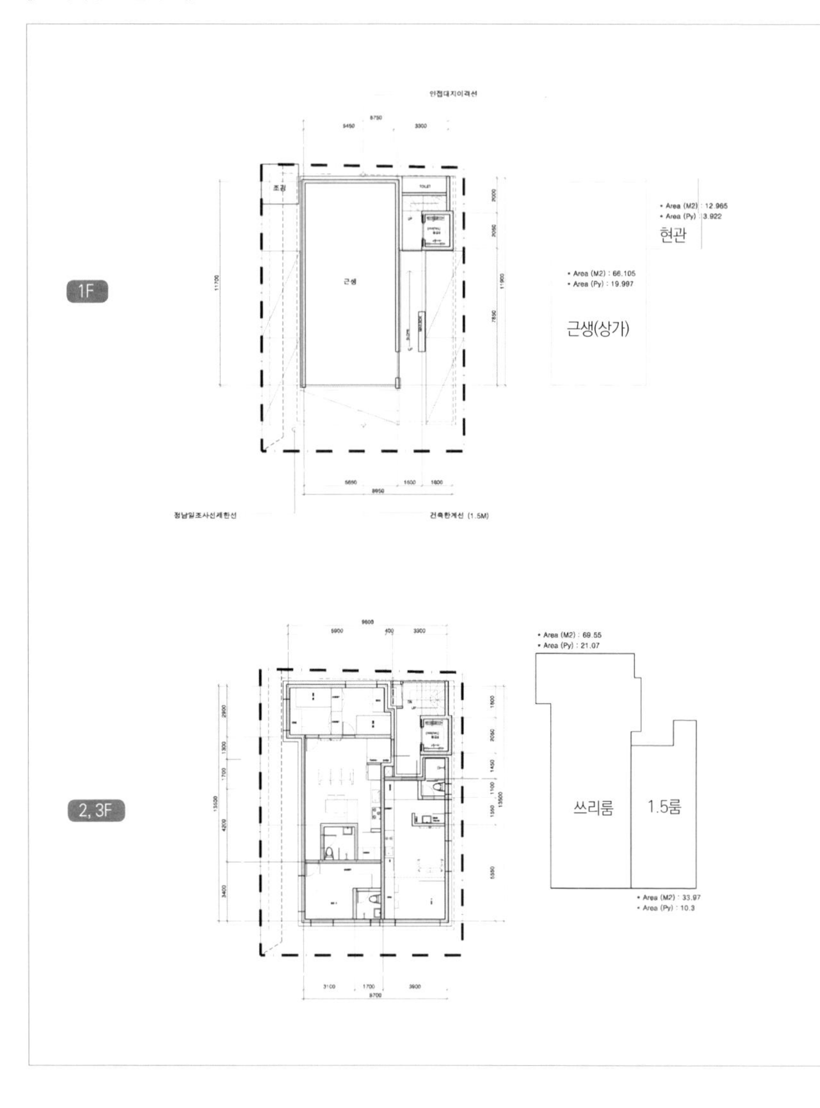

1F
안접대지이격선
Area (M2) : 12.965
Area (Py) : 3.922
현관
근생
Area (M2) : 66.105
Area (Py) : 19.997
근생(상가)
정남일조사선제한선
건축한계선 (1.5M)
2, 3F
Area (M2) : 69.55
Area (Py) : 21.07
쓰리룸
1.5룸
Area (M2) : 33.97
Area (Py) : 10.3

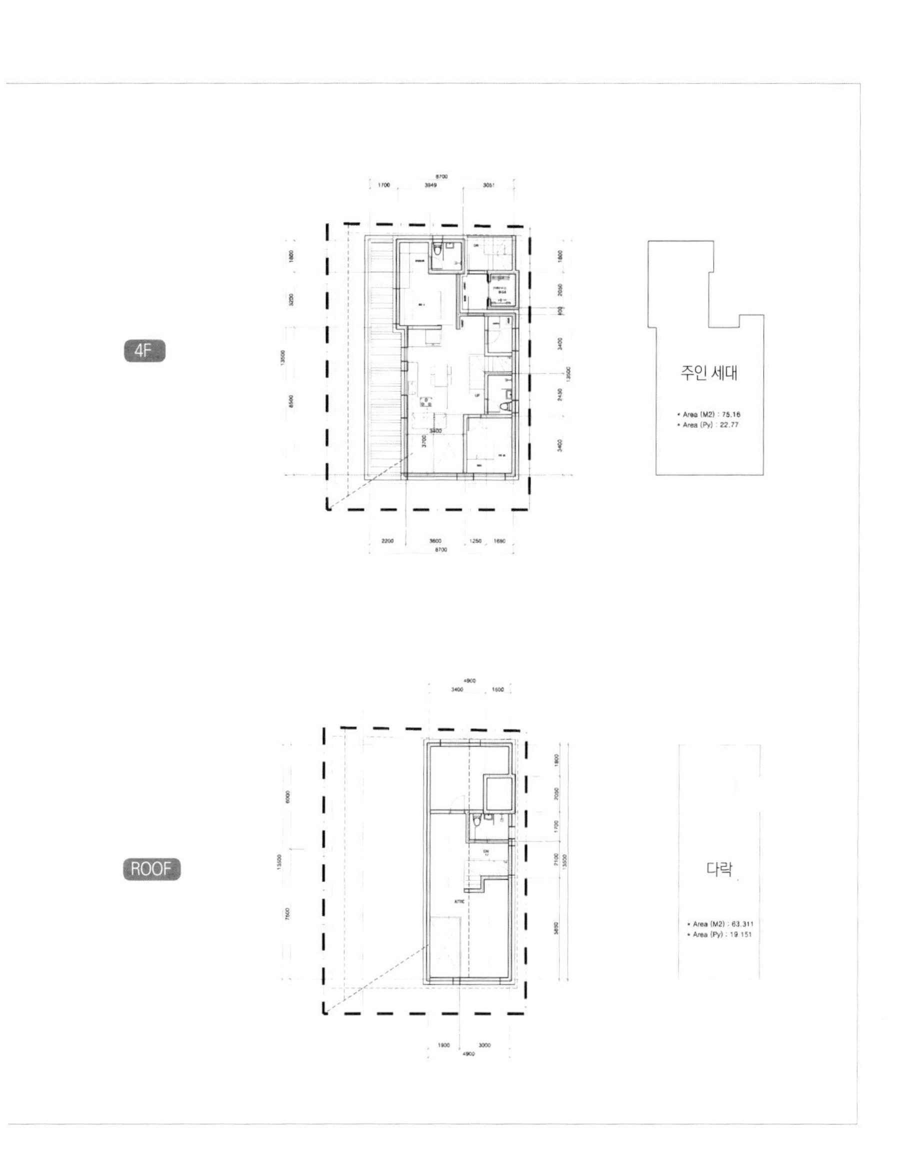
4F
주인 세대
• Area (M2) : 75.16
• Area (Py) : 22.77
ROOF
다락
• Area (M2) : 63.311
• Area (Py) : 19.151

도로 쓸 것인지, 화장실은 몇 개인지, 4층의 층고를 높일 것인지 아니면 거실을 오픈할 것인지, 주방을 크게 하는지 남쪽으로 하는지, 주방과 거실을 이어지게 할 것인지 분리하는지 등 아주 많은 고민이 동시다발적으로 필요한 순간이 찾아올 것이다. 결국 모든 건물의 큰 틀은 설계하는 순간, 즉 계획설계를 하는 순간 거의 결정된다고 봐야 한다.

계속 고민하고, 계속 요구하고, 계속 묻자. 물론, 건축가에게 안 된다는 말을 많이 들을 것이다. 정말 원하는 것이라면 공부를 하고 조사를 해서라도 건축가를 설득할 만한 근거를 제시하자. 내가 살고 임대할 공간이기에 내가 하고 싶은 것을 최대한 반영하자. 대신 안 된다고 얘기하는 것 중 내가 납득할 수 있는 것들은 신속하게 그리고 쿨하게 수긍하자. 당신이 생각하는 것은 웬만하면 다 가능할 것이다. 비용만 더 지불한다면 말이다. 이러한 디테일한 고민은 추후에 다시 다루겠다.

계획설계가 어느 정도 합의되면, 실시설계에 들어간다. 실시설계는 말 그대로 건물을 만들기 위한 상세한 설명서라고 보면 된다. 계획설계의 독자가 건축주라면 실시설계의 독자는 공사를 하는 시공사, 협력업체, 현장소장 등이다. 아무 사전 배경 없이도 도면만 보고 의도했던 것과 같은 건물이 만들어지도록 해야 하고, 이렇게 만들어진 설계도만으로 공사를 진행하는 것이기 때문에 자세하고 꼼꼼하게, 오차 없이 만들어져야 한다.

보통 입면도는 2주, 설비·전기·오수·통신 등을 포함한 기타 도서 작성은 1개월, 접수 및 인허가 1개월, 최종 도서 접수를 1주 정도 잡으나 지역 및 도면의 상태에 따라 달라지는 부분이다.

결론적으로 나는 많은 고민과 수정을 거쳐, 5개월 정도의 설계 기간을 썼다. 내 의사를 정확하게 표현하기 위해 파워포인트나 스케치 등까지 활용했다. 설계를 완료하고 적산하고 시공사 선택까지, 시공 시점을 기준 삼아 역순으로 따져보자. 2월에 시공을 준비하려 한다면 시공사 선정 2개월, 적산 1개월, 설계 5개월 정도를 생각해야 하기 때문에 총 8개월 전, 넉넉하게 여름 시작할 때쯤 설계를 시작해야 편안하게 2월이나 3월쯤 공사를 시작할 수 있을 것이다.

Question **16**

건축물의 외형은 어떻게 할 것인가?

A

많이 보고, 많이 찍어서 내 머릿속으로 이상적인 그림을 그려 놓아야 한다.

상가주택을 지을 때, 건물의 외형은 수익률 다음으로 가장 많이 신경 쓰는 부분이다. 특히, 본인이 거주 혹은 장기간 보유를 목적으로 한다면 더더욱 그러하다. 누구나 그 지역에서 가장 멋있는, 랜드마크 같은 건물이 되길 원할 것이다.

건축물의 외형은 나의 이상형을 선택하는 것처럼 '개인의 취향'에 크게 좌우된다. 물론 트렌드가 있기는 하지만 그보다 건축주와 건축가의 취향이 더 크게 작용하는 듯하다. 어떤 사람은 밝은 하얀색은 때가 탄다고 극도로 꺼리기도 하지만, 어떤 사람은 모던해 보인다고 좋아할 수도 있다. 어떤 사람은 사각형을, 어떤 사람은 삼각형 건물의 콘셉트를 좋아할 수 있다. 결국 자신이 원하는 요소들을 미리 정리해 두는 시간이 필요한데, 예를 들어 벽돌의 영롱쌓기, 멀바우 나무 느낌의 요소, 전체적인 건물의 톤과 재질의 느낌 등의 레퍼런스를 찾아놓을 것을 권한다.

다양한 외장재로 조합된 상가주택들

그러나, 현실로 들어가면 시공비나 법적인 이유 등으로 100% 마음에 드는 외관을 만들기는 매우 어렵다는 걸 깨닫게 된다. 내가 좋아하는 요소를 분리해 생각해 본다면 전부는 아니더라도 원하는 최소한의 느낌을 낼 수 있을 것이다.

나의 경우는 밝은색 벽돌의 차분하고 세련된 느낌을 선호했고, 목재로 포인트를 주길 바랐다. 건물 외관에 배관은 최소화하고, 에어컨 실외기는 최대한 눈에 안 띄는 곳에 설치하고자 했다. 전반적으로 깔끔하나 너무 심심하지 않도록 건물 곳곳에 포인트를 주고, 빗물 자국이 창 주변으로 생기지 않도록 창문에는 후레싱 작업을 요청했다. 면적이 작기 때문에 건물이 실제보다 좀 더 커 보일 것, 일조권을 받아 건물의 사선이 생기지만 디자인적으로 소화할 것 등 많은 희망 사항을 내비쳤다. 이러한 느낌들을 담을 수 있도록 다각도로 고민하여 아래와 같은 입면 디자인이 탄생했다.

설계 단계의 입면 디자인

이렇게 희망하는 것들을 제대로 정리해 요구하려면, 내가 어떤 느낌을 좋아하는지 무조건 많은 건물을 보고 생각하는 수밖에 없다. 벽돌의 따뜻한 느낌이 좋은지, 강철의 날카로운 느낌이 좋은지, 중후한 느낌이 좋은지, 경쾌한 느낌이 좋은지 다양한 선택 사항 속 개인적인 취향을 추려 나가야 한다.

그런 다음 전체적인 느낌을 건축가와 잘 협의하고, 그에 따른 공사비도 같이 감안해서 결정해야 한다. 설계가 진행되면서는 자신이 원하는 요소 및 디자인들이 반영되도록 지속적으로 요구해야 한다. 간혹 건축가가 최대한 자신의 콘셉트를 관철시키기 위해, 혹은 좀 더 쉬운 설계를 위해 본인의 안을 고집할 수 있다. 내가 원하는 것을 얻기 위해서는 많이 보고 실제로 구현된 모양의 사진들을 활용해 건축가의 능력을 자극하기도 하고 설득할 필요도 있다. 결국 신경을 많이 쓸수록 좋은 외관, 내 마음에 드는 멋진 건축물이 나오는 것만은 분명하다.

Question 17

설계와 시공은 분리할 것인가?

많은 사람이 '설계와 시공은 분리해야 한다'고 말한다. 서로의 견제가 필요하다는 점에서는 어느 정도 동감하나, 100% 꼭 그렇게 해야 한다는 것은 아니다.

설계와 시공을 분리한다는 말에 들어 있는 의미 중 가장 큰 것은 '일의 균형'이다. 즉, 시공을 위한 설계는 '집장사'를 위함이고, 설계만을 따라가는 건축은 '작품'을 추구할 가능성이 높다. 결국은 설계와 시공의 적절한 균형이 중요하다.

한 회사에 설계와 시공을 함께 맡기는 경우, 시공업체에서는 자신이 다루기 편한 건축가에게 설계를 의뢰하기 쉽다. 결국 시공업체가 주로 시공하는 방식, 가성비가 가장 좋은 건축으로 진행된다. 따라서 건축주가 설계 변경을 요구하면 거부하거나, 비용 등을 이유로 난색을 표하는 경우가 적지 않다. 반대로 건축가가 자주 일하는 시공사를 데려 올 경우는 건축가가 의사결정에 상당한 영향력을 끼칠 가능성이 높다. 시공하는 업체는 이 건물뿐만 아니라 다른 건물도 같은 건축가와 작업하기 때문에 눈치를 보는 것이다. 따라서 건축주가 그보다 더 풍부한 지식과 경험이 있지 않은 한 건축가에 대한 견제가 이루어지기 어렵다.

두 경우 모두 건축주가 주도권을 갖고 가기는 힘들기 때문에 일방적으로 끌려가는 건축이 될 가능성이 높다. 그렇다고 설계와 시공을 분리해 두 주체가 팽팽하게 대립할 경우도 상당히 어려움이 있다. 결론적으로 가장 이상적인 방법은 설계와 시공을 분리는 하되 서로 적극적인 소통을 통해 문제들을 해결해 나가는 것이다.

현실적인 방법으로는 하나의 회사이기는 하지만 설계회사와 시공사가 별도 법인으로 되어 있어 설계 완료 후 타 시공사들과 경쟁을 통해 견적을 비교·추진하는 방법, 설계 후 서칭을 통해 확인한 시공사들과 건축가가 추천하는 시공사를 같이 견적 비교하는 방법을 추천한다. 이러한 경우는 문제 해결을 위해 시공적인 면, 설계적인 면을 같이 고민하기 때문에 보다 합리적인 솔루션을 도출할 수 있을 것이다.

Question **18**

설계·시공 계약 시 무엇을 주의해야 하나?

말만 너무 믿지 말고,
약속을 특약사항으로 문서화하자.

분명 내가 생각하는 별도의 조건들이나 약속을 받아 놓고 싶은 것들이 있을 것이다. 이러한 부분들을 이야기하면 계약 전에는 건축사나 시공사나 다 해줄 것처럼 얘기를 한다. 그러나 절대 이 얘기들을 전적으로 믿으면 안된다. 최소한 계약서상 특약사항으로라도 명시해야 한다.

계약서는 꼭 표준계약서를 기본으로 작성해야 한다. 거기에 나의 상황에 맞는 혹은 약속을 받고 싶은 특약사항을 꼭 넣는 것이 좋을 듯하다. 예를 들어 '잔금은 임대 완료 후에 지급, 혹은 대출 완료 후에 지급한다', '설계 변경은 횟수에 상관없이 지속 협의 가능하다', '공사 지연이 있을 경우 명확한 사유를 공개하고, 일정 기간이 넘을 시는 지연보상금 지불한다' 등…

물론, 건축사나 시공사 측에서 싫어하거나 불쾌해 할 수 있기 때문에 미리 협의, 조율의 과정이 있어야 한다. 그리고 너무 디테일하거나, 굳이 문서화할 필요가 없는 것을 문서화하면서 시작부터 너무 각을 세우고 가는 것도 서로 피곤해질 수 있다. 균형을 잘 잡고 꼭 필요한 부분, 중요하다고 생각하는 부분들을 택해 명문화하는 것이 중요하다.

나의 경우는 '계약금은 크지 않게, 잔금은 완전하게 공사가 마무리된 것을 확인한 후, 기성금은 최대한 많은 빈도로(설계는 4회, 시공은 10회) 나누어 지급하는 것'들을 명시했다. 추가로 많은 사람들이 계약서의 특약 사항들은 신경 쓰면서 정작 계약서 본문을 잘 안 읽어본다. 차근차근 읽어보고, 모르면 계약 전에 꼭 물어보도록 하자.

마지막으로 건축사, 혹은 시공사의 신용·자격은 확인하도록 하자. 시공사의 신용이 의심된다면 계약이행보증 증권발급을 받아보면 될 것이다. 신용 좋은 회사라면 문제없이 발급할 것이지만, 아닌 회사의 경우는 상당히 꺼릴 것이다. 물론, 매우 안심이 되고 안전한 회사는 그만큼 비용이 높을 것이다. 이러한 부분을 어떻게 해석하고 판단하고 리스크 테이킹을 할지는 각자의 몫이지만, 최대한 보수적으로 접근하길 권한다.

건축물의 설계 표준계약서

건축물의 설계 표준계약서

1.건축물 명칭 :

2.대지 위치 :

3.설계 내용 : □신축 □증축 □개축 □재축 □이전 □대수선 □용도변경 □기타

1) 대지면적 : m²

2) 용도 :

3) 구조 :

4) 층수 : 지하 층, 지상 층

5) 건축 면적 : m²

6) 연면적의 합계 : m²

4. 계약 면적 : m²

5. 계약 금액 : 일금 원정(₩), 부가세 별도

년 월 일

"갑"과 "을"은 상호 신의와 성실을 원칙으로 이 계약서에 의하여
설계계약을 체결하고 각 1부씩 보관한다.

건축주 "갑"	**설계자 "을"**
상호/성명 : (서명 또는 인)	상호/건축사 : (서명 또는 인)
사업자등록번호/주민등록번호 :	사업자등록번호 :
주소 :	주소 :
전화/Fax :	전화/Fax :

직장인, 겁 없이
상가주택 짓다

제4장

시공, 짓다

Question 19

언제 건축을 시작할 것인가?

자신의 상황에 맞는 건축 시기가 있을 것이다.
이에 따라 하되 계절, 완공시점의 현지 상황 등을 고려한다.

흔히들 건축 공사는 2, 3월에 시작하면 좋다고 한다. 그래서 주로 봄과 가을 공사에 집중되고 혹한기와 혹서기, 장마 시기 등은 피해서 하는 것이 일반적이다. 또 하나 중요한 것은 그 지역의 현지 사정이다. 예상 완공 시점의 현지 이슈를 사전에 파악할 필요가 있다.

예를 들어 8월 준공을 목표로 2월에 공사를 시작하는데, 8월에 같은 택지지구 내 1,000세대 이상 대단지 아파트가 입주를 시작한다면 어떨까. 일정 기간 동안 제대로 된 임대료를 받지 못할 가능성이 크고, 임대를 완료하는 데 시간이 상당히 걸릴 수 있다. 또한 2년마다 내가 정작 임대를 놓아야 하는 시점에 같은 현상이 반복될 수 있으므로 임대료가 싸지는 상황이 발생할 수도 있다. 따라서, 날씨뿐 아니라 착공 시점의 여러 현지 상황을 고려해 공사 시기를 선정해야 한다.

착공하기 가장 좋은 시기라는 2~3월은, 미리 준비하지 않는다면 시점 맞추기가 쉽지 않다. 설계 기간을 조율하고 자금을 마련해 놓고, 필요한 이슈들을 해결해 놔야 그 시기에 공사를 시작할 수 있다. 설계의 큰 틀뿐 아니라 사소한 부분도 미리 결정돼 있다면 좋을 것이다. 2~3월보다 늦게 시작하면 공사 중 장마철을 맞게 된다. 물을 쓰는 습식공사는 공정이 멈출 수도 있으니, 이러한 점을 고려하여 일정을 조정해야 한다.

겨울 공사는 한파 등으로 공사가 중단되는 시기가 생기고, 추운 날씨로 인해 콘크리트 강도가 안 좋게 나올 수도 있다. 그러나 내부 보양에만 신경 쓴다면 큰 문제가 아닐 수 있기에 좋은 시공사를 만나면 해결되는 부분이기도 하다. 물론, -10℃ 이하로 떨어지는 한파가 찾아오는 시점은 피해야 한다. 아무래도 사람이 하는 일이기 때문에 일의 효율성이 떨어지고, 공사의 질도 낮아질 수 있기 때문이다. 그러나 한편으로는 건축 시장에서는 비수기이기 때문에 좋은 인력을 성수기 때보다 합리적인 비용으로 고용할 수 있는 이점도 있다.

나의 경우 설계가 완료된 시점이 가을 중순이었는데, 2월에 시작할까 바로 시작할까를 고민하다가 좋은 현장 소장, 합리적인 가격, 철저한 보양 대책 등을 약속 받고 겨울 공사로 추진했다. 집이 완공된 이후, 일정 시간이 지난 지금까지 큰 하자가 없는 것으로 보아 관리만 잘 된다면 겨울 공사가 무조건 나쁜 것은 아니라고 본다.

겨울철 보양 방안

안타깝게도 나의 경우, 바로 앞 아파트와 비슷한 시점에 준공을 하고 임대를 시작하여 2,000여 세대에 달하는 아파트의 엄청난 물량과 함께 힘겨운 임대 경쟁을 맞게 된다. 인력 유입이 지속적인 지역은 임대 경쟁 기간이 짧을 것이지만, 유입이 별로 없다면 나와 같은 상황은 절대적으로 피해야 할 것이다.

뒷쪽에 보이는 아파트와 같은 시기에 공사를 하고 같은 시기 준공해 힘겨운 임대 경쟁을 맞게 된다.

Question 20

시공비는 어떻게 책정할 것인가?

시공비에 대한 나만의 기준과 예산을 마련하자.

설계가 끝나고 가장 궁금한 것은 '얼마에 시공할 것인가'이다. 도면이 자세할수록 견적의 최저 비용과 최고 비용의 차이는 작을 것이다. 그러나 아무리 디테일하게 설계했다고 해도 시공사에 따라 가격은 천차만별이다. 다음과 같은 방법으로 대략적인 시공비를 예상해 볼 수 있다.

첫째는 설계한 회사가 시공까지 하는 경우다. 애초부터 설계한 회사에 시공까지 맡긴다고 이야기하지는 말자. 일임하는 순간 타 회사로부터 견적을 받지 않을 것으로 판단해, 더 높은 시공비를 제시할 가능성도 있다. 이 방법의 장점은 건축가의 설계 의도에 가장 맞는 자재와 디테일로 정확한 견적을 낼 수 있다는 것이다. 이때, 견적서의 항목을 하나하나 물어보면서 업그레이드, 다운그레이드를 통해 나의 상황에 맞게끔 조율하면 된다. 당신은 설계 클라이언트이자, 유력한 시공 잠재 클라이언트이기 때문에 적극적인 소통의 의지를 보여줄 것이다. 이 견적서를 기본으로 설정하고 다른 회사에도 견적 요청을 해 이를 비교해 본다. 단, 건축주들이 어려워하는 것은 단순히 재료비가 아닌 업체의 시공 능력과 신뢰다. 이는 별개로 놓고 잘 판단해야 한다.

둘째는 많은 사람이 본능적으로 하는 방법이다. 일단, 설계도를 몇몇 시공사에 건네고 직접 견적을 받아보는 것이다. 견적서들을 세밀히 들여다보며 무슨 차이가 있는지 공부를 한다. 이 과정에서 자기만의 기준을 세울 수 있을 것이다. 그러나 견적서를 낸 시공사들은 모두 본인들의 방법이 좋다고 얘기할 것이다. 자신들이 제시한 자재가 가장 합리적이고, 가성비 좋은 것이라고 주장할 것이기에 초보 건축주 입장에서는 많이 흔들리고 혼란스러울 수 있다. 따라서, 이 경우 설계만 전문적으로 하는 회사에 설계를 맡기듯, 적산 전문 회사에게 견적 요청을 맡기기도 한다. 물론 별도 비용이 들지만, 이렇게 잡아놓은 기준은 들어간 비용의 몇 배의 효과를 가져다준다. 그리고, 어이없는 '바가지'도 막을 수 있다. 적산에 대해서는 중요하므로 다음 질문에서 좀 더 자세히 살펴보겠다.

나 같은 경우도 작은 상가주택이고, 비슷한 조건의 다른 집 대비 높은 설계비를 내고 공사 디테일과 시방서, 자재 내역까지 포함한 설계도로 견적을 받았지만, 회사마다 금액의 차이는 최대 4억 원 이상이었다. 가장 낮은 회사는 4억 원, 가장 비싼 회사는 8억5천만 원이었다. 어떤 것도 믿을 수 없었다. 결국은 자기가 공부를 해서 하나하나 기준을 정해야 한다.

적산(積算)을 의뢰할 때는 내 건물에 들어갈 자재의 옵션을 미리 정해 놓는 것이 좋다. 금액의 차이는 대부분 자재와 그에 따른 인건비 차이에서 온다. 예를 들어 벽돌 얼마짜리를 얼마나 넓은 면적에 쓰는지, 지붕재는 징크인지 기와인지, 창호나 주방 가구는 어떤 브랜드의 제품인지 등 견적서의 모든 항목을 파악하고 있다면 나만의 기준이 생기게 된다. 그리고, 이러한 기준에 따라 '나는 단열재는 고사양을 쓰고 창호는 중소기업 제품을 써서 단가를 낮출 거야' 하는 등의 결정을 낼 수 있다.

일반적으로 견적서는 20~30여 개의 공사에 총 300~500개 이상의 항목들로 구성된다. 너무 많다고 지레 포기하고 믿고 맡겨 버리면 안 된다. 내가 공부하는 만큼 시공비를 절감할 수 있다고 생각하는 태도가 필요하다. 건설사는 각 재료의 단가에 그리 예민하지 않다. 어차피 그 대금은 건축주에게 청구될 금액이고 단가보다는 협력업체(Biz Partner)들과의 지속적인 관계에 더 신경 쓴다. 때에 따라서는 그들의 방법이 맞을 수 있다. 비슷한 벽돌 하나도 회사에 따라, 국내 수급 상황에 따라, 영업 담당자에 따라 가격은 2~3배까지 차이 날 수 있다. 예를 들어 고벽돌을 프로모션으로 장당 230원에 판매하는 곳이 있었고, 700원 넘게 판매하는 회사도 있었는데, 샘플을 받아보니 같은 중국업체로부터 수입된 고벽돌인 적도 있었다.

시공사는 못 믿을 협력 업체와 거래하는 경우 생길 수 있는 추가 비용, A/S 등에 대한 리스크는 절대적으로 피하고자 할 것이다. 결국 건축주가 건축자재를 직접 구매해 지급하는 방법은 장단점이 있다. 상황에 따라 리스크를 피할 수 있을 경우에만 적용하고, 새로운 것을 제안하는 것이 하나의 운영 방법이라고 생각한다.

철근콘크리트 공사 견적 예시

품명	규격	단위	수량	재료비	
				단가	금액
04. 철근콘크리트 공사	141.0	PY			
철근 가공 및 조립	보통(미할증)	ton	39.8		
일반 거푸집	벽(기초, 옹벽)	m²	1,631.0	5,*00	8,***,950
노출콘크리트 거푸집	면보수 및 발수작업 별도	m²		4*,000	
합판 거푸집	경사(1회)	m²	170.0	*,000	1,**0,000
	슬라브	m²	509.0	*,000	4,***,000
철근콘크리트사설 / 펌프카(21m)	슬럼프15, 100~300m³ 미만	m²	302.8	*00	2**,521
진동기(전기)	인력	m³	302.8		
철근콘크리트용 봉강 (이형철근)	HD-22, SD400, 생산공장 상차도	ton		6**,000	
	HD-19, SD400, 생산공장 상차도		9.5	6**,000	5,***,409
	HD-16, SD400, 생산공장 상차도		2.3	6**,000	1,***,875
	HD-13, SD400, 생산공장 상차도		15.0	6**,000	9,***,967
	HD-10, SD400, 생산공장 상차도		13.0	6**,000	8,***,587
레미콘	25-240-18	m³	290.8	8*,000	2*,***,284
	25-210-15	m³		7*,000	
	25-180-12	m³	12.0	7*,000	8**,000
현장 정리		m²	679.0		
잡자재비		m²	811.8	*,000	*11,801
강관동바리		m²	679.0	*,000	2,***,000
합 계					6*,***,394

노무비		경비		합계		비고
단가	금액	단가	금액	단가	금액	
					허가 평수	99.47
					확장	22.46
					다락	16.12
					주차장	12.06
*00,000	1*,***,882			*00,000	1*,***,882	
2*,000	4*,***,750			30,000	48,***,700	
4*,000				90,000		
*0,000	5,***,000			3*,000	6,***,000	
2*,000	1*,***,000			3*,000	17,***,000	
9,*00	2,***,610	*,200	3**,361	1*,600	3,***,492	
*,000	6**,602	200	*0,560	2,**0	6**,162	
				6**,000		
				6**,000	5,***,409	
				6**,000	1,***,875	
				6**,000	9,***,967	
				6**,000	8,***,587	
				8*,000	2*,***,284	
				7*,000		
				7*,000	8**,000	
*,000	1,***,000			*,000	1,***,000	
				*,000	*11,801	
1,*00	8**,800			*,200	2,***,800	
	7*,*,644**		4**,921		1**,***,959	

Question 21

적산이란?

적산은 설계에 대해 건축비를 가늠할 수 있는 가장 객관적인 방법이다.

설계도서는 말 그대로 빈 땅에 집을 짓기 위한 정교한 설명서이다. 정교하지 않은 설계도면으로 건물을 지을 경우, 시공비는 5억 원이 될 수도 혹은 10억 원이 될 수도 있다. 콘크리트 양이 100t이 될지 80t이 될지 건축주는 모르기 때문에 일단 시공사에 맡긴 후 모자라다고 하면 추가금을 내는 수밖에 없다. 혹은 추가금을 못 주겠다고 하면 실제로 100t이 들어가야 할 때 80t만 들어가고 제대로 되지 않은 결과물이 나올 수도 있다. 콘크리트뿐만 아니라 철근, 창호, 외장재, 내부 인테리어, 엘리베이터 등 모든 내용이 해석에 따라 금액에 영향을 준다. 정교하지 않은 설계도는 추후 분쟁의 소지가 될 수도 있다.

적산이란 건축 공사에 있어서 설계 도서 등을 통해 공사비를 예측하는 작업을 뜻한다. 좁은 뜻으로는 수량 산출을 의미하고, 금액 산출에 중점을 둔 견적과 대비하는 경우도 있다. 쉽게 말하자면, 건축비 예측을 뜻하기도 한다. 일반적인 시공사라면 모두 적산 업무가 가능하나 이를 꺼리는 곳도 있고, 적산만 전문적으로 하는 회사들도 있다. 적산의 기준은 자신이 생각하는 자원 투입 정도와 바라는 이상적인 목표 이미지와의 균형점이 바람직하다. 그러려면 재료 하나하나에 대한 스펙 수준을 정하는 것이 필요하고, 그 정도는 아니라도 대략적인 재료의 등급을 설정한 후 적산을 해보는 것이 중요하다.

긴 시간을 통해 준비된 적산은 건축을 '1도 모르는' 입장에서 아주 큰 힘이자 무기가 될 수 있다. 이 기준으로 바라본다면 바가지를 쓸 확률은 상당히 줄어든다. 그래서 적산 업체를 선정할 때 건축가 혹은 시공사와 상관없는 업체에 맡기는 것을 권한다. 적산한 업체가 맘에 든다면 시공을 맡겨도 된다. 단, 언급한 바와 같이 적산 전에는 어떠한 기대도 주지 않는 것이 좋다. 또한, 가능하다면 적산할 경우 옵션을 갖고 가는 것이 좋다. 예를 들어 외장재를 세라믹 사이딩으로 할 경우와 대리석으로 할 경우 등을 미리 준비해 놓는 방식이다. 그러는 한편, 시공사마다 동일한 재료라도 공법이 다를 수 있으니 모두 같은 기준으로 보는 사고는 피해야 한다.

Question 22

시공사는 어떻게 선정할 것인가?

시공사 선택은 매우 중요하다. 발로 직접 뛰거나, 인근에서 찾아보거나, 온라인 플랫폼을 사용하는 등 자신에 맞는 방법으로 적극적으로 찾아봐야 한다.

설계에 정성을 들였다면, 그리고 도면을 토대로 적산까지 진행했다면 시공사를 자신 있게 만나보자. 만나는 방법에는 크게 세 가지가 있을 것이다.

첫째는 내가 잘 지었다고 생각하는 건물에 방문하여, 건축주를 만나보고 시공사가 어느 회사인지 묻고, 그 회사에 대한 레퍼런스 체크를 하는 것이다. 건물 외관은 그럴싸해 보여도 방수, 단열 등 기본적인 사항이 불만족스러울 수 있고, 추가 비용을 계속 요구하면서 완성된 건물일 수도 있다. 또한 A/S 등이 문제일 수도 있으니, 건축주를 통한 시공사 확인을 권장한다. 그러나 많은 건축주가 이미 지어진 자신의 건물에 대해 부정적인 이야기를 하는 걸 꺼릴 수 있다. 어느 정도는 눈치로 파악하는 수밖에 없다.

두 번째 방법은 인근에 건축을 많이 하고 있는 업체 중 평이 괜찮은 3~5곳 정도에 설계도를 주고 견적을 받아보는 방법이다.

세 번째 방법은 건축을 위한 플랫폼에 입찰을 받아보는 것이다. 약간의 미선정 위로금을 주는 것으로 여러 옵션을 받아 볼 수 있는 장점이 있고, 기존에 얼마나 많은 건축을 했는지 등도 파악할 수 있다. 그러나 직접 발로 뛰어 건축주들을 만나보고 평을 듣는 것보다는 확인이 어려울 수 있다. 또한, 플랫폼을 통해 견적을 받는 경우 상당히 많은 내역에서 건축주 지급 자재, 즉, 그들이 제출하는 '시공비 + α'에서 알파가 예상보다 큰 경우도 있으니 참고하고 접근해야 한다.

미리 받아 둔 적산의 내용은 나만의 기준이기 때문에 시공사에 제출할 이유도, 존재를 알려줄 필요도 없다. 시공사 견적서를 적산 내용과 비교해 얼마나 거품이 있는지, 필요 물량보다 덜 쓰는지 등을 파악하고, 그중 가장 믿을 만하고 세심하게 시공할 수 있는 업체를 선정한다. 다시 한 번 강조하지만, 견적 비용보다 중요한 것은 믿을 만한 사람(업체)인지에 대한 체크이다. 이는 그 회사를 통해 집을 지은 이전 건축주를 통한 정보가 무엇보다 중요하다. 그리고 시공사의 자금력 역시 무시할 수 없다. 현장을 여러 개 운영하며 건축비를 돌려막는 경우도 흔하기 때문이다. 내 돈은 꼭 내 공사에만 쓸 수 있는 곳인지 확인하도록 하자.

Question 23

외장재는 무엇으로 할 것인가?

**외형을 정하는 과정과 유사하다. 많이 보고 많이 찍자.
그리고 내 머릿속으로 이상적인 그림을 그려보자.**

외장재는 설계 단계에서 어느 정도 결정이 되었을 것이다. 그러나 실제로 적산을 하고 견적을 받으면서 생각이 바뀔 수 있고, 비용을 줄여야 할 상황도 생길 것이다. 상가주택이나 다가구주택의 외형을 결정하는 가장 큰 요소는 골조, 즉 전체적인 뼈대의 디자인이다. 그 다음을 얘기한다면 그 골조를 덮고 있는 외장재라고 할 수 있다. 외장재는 종류마다 각기 매력도 다르지만, 가격도 천차만별이다.

외장재 가격(2018년 기준)의 대략적인 순서는 다음과 같다. 시공사가 거래하는 업체마다 가격이 다를 수 있으니 참고만 하길 바란다.

드라이비트 ≤ 미장 스톤 ≤ 국산 벽돌 ≤ 스터코 ≤ 현무암 ≤ 화강석 ≤ 청고·백고 벽돌 ≤ 수입 벽돌 ≤ 컬러강판 ≤ 세라믹사이딩 ≤ 목재 패널 ≤ 대리석 순

물론, 시점에 따라 달라질 수 있지만 감을 잡는 수준으로만 본다면 ㎡당 드라이비트 4만 원, 미장 스톤 4.5만 원, 파벽돌 6만 원, 스터코플렉스 7만 원, 현무암 8만 원, 화강석 8~10만 원, 고벽돌 9만 원, 노출콘크리트 패널 10만 원, 컬러강판 12만 원, 적삼목 12만 원, 세라믹사이딩 15만 원, 목재 패널 17만 원 등이다. 단, 이는 자재 브랜드마다 다를 수 있고, 시공사마다 이윤 등을 포함한 비용이 다를 수 있기 때문에 감을 잡는 수준으로만 이해하길 바란다. 그리고, 자재비는 싸더라도 운송비나 인건비가 비싼 경우도 있으니 늘 자재 가격을 알아볼 때는 이를 포함해서 확인해야 한다.

일반적으로 나이가 좀 있는 건축주들은 화강석 같은 중후한 외장재를 선호한다. 그래서 상가주택에 가장 많이 쓰이는 외장재이기도 하다. 많은 사람이 대리석으로 알고 있는, 근린생활시설에 자주 쓰이는 연회색의 외장재는 거의 화강석이다. 진짜 대리석은 주로 고급주택의 내장용이나 바닥에 사용하는 것으로 가격이 높아 외벽에는 잘 쓰지 않는다. 화강석은 무난한 디자인에 오랜 시간이 지나도 큰 변화가 없다. 그러나, 단조롭고 올드한 이미지 탓에 젊은 건축주나 건축가에겐 인기가 없다.

최근엔 조금 비싸지만, 단독주택을 중심으로 세라믹사이딩도 인기가 좋다. 지역에 따라 전혀 안 쓰는 곳도 있고, 매우 많이 쓰는 곳도 있다. 그러나 이 또한 트렌드이기 때문에 벽돌이나 대리석과 같이 10년이 지나도 지속적으로 많이 쓸지는 더 지켜봐야 할 것이다.

개인적으로 무난하다고 생각하는 외장재는 벽돌이다. 그중에서도 청고, 백고, 적고, 전돌 등의 종류를 적절하게 잘 쓴다면 매우 뛰어난 외관을 만들 수 있을 것이다. 다만 벽돌은 인건비가 많이 드는 것을 고려해야 한다.

요즘은 한 가지 외장재만 쓰지 않는 게 추세다. 그러나 여러 종류를 쓴다고 멋진 것도, 비싼 외장재를 쓴다고 탁월한 것도 아니다. 결국 건축가와 나의 생각이 반영된 외형과 외장재의 조화로운 선택이 중요할 것이다. 나는 가장 느낌이 좋았던 백고벽돌과, 백고벽돌을 부각시키고 다양한 색감을 표현할 수 있는 스터코, 그리고 컬러강판을 활용했다. 개인적인 취향이 많이 작용하는 부분인 한편, 집 전체의 인상을 좌우하기 때문에 오래 고민하고 길게 봐야 한다. 너무 트렌디한 외장재는 10년이 지난 후 유행이 지나 보여 다른 건물보다 훨씬 올드한 느낌을 줄 수 있다.

세라믹 사이딩

벽돌

화강석

스터코

폴리카보네이트 + 콘크리트 블록

청고벽돌

곁다리 얘기 13

외장재에 대해 건축주가 알아야 할 것

화강석

포천석, 문경석, 거창석, 석도홍, 씨블랙, 고흥석 등 모든 종류에 따라 단가가 다르고, 각각의 수급 상황도 다르기 때문에 시공 전에 확인하고 진행해야 한다.

포천석 문경석 거창석

석도홍 고흥석 씨블랙

현무암

화강석에 비해 습기를 잘 빨아들이기 때문에 발수재를 많이 뿌려주는 것이 좋다.

현무암

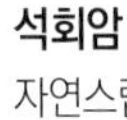

석회암

자연스럽고 은은한 무늬가 특징이며, 산성비에 취약하다.

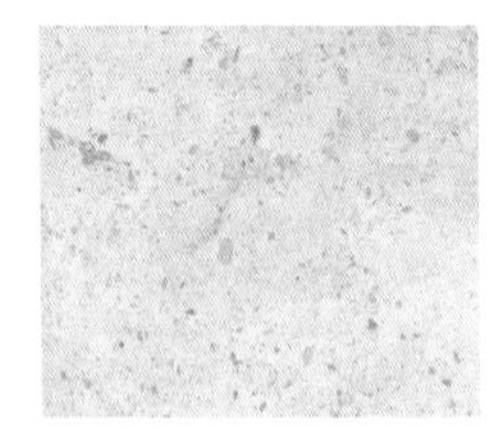

석회암

노출콘크리트

한동안 유행처럼 번졌기 때문에 일정 시기에 지어진 건물들에 많이 활용되었다. 그러나 외단열을 못 하고 내단열만 할 수 있기 때문에 단열과 결로에 취약할 수 있다. 따라서 최근에는 노출콘크리트 모양을 한 패널을 활용하는 경우도 종종 보인다. 시공사마다 다르겠지만 거친 마감에 비해 비용도 다른 재료들보다 높을 수 있다.

노출콘크리트 시공 사례

노출 콘크리트를 적용한 그레이구스

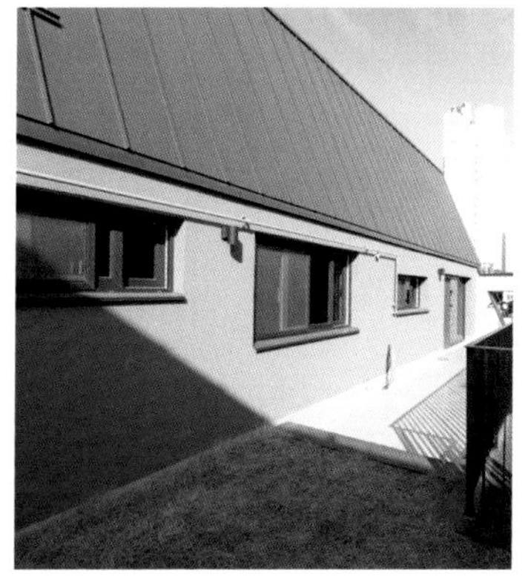

그레이구스 상층부 스터코 적용면

스터코플렉스(외단열 미장 마감재)

메인 외장재로 많이 쓰이지만 다른 외장재와 섞어서 단순함을 강조할 때도 활용된다. 스터코플렉스는 스터코의 갈라짐 등을 보완하기 위해 신축성을 높인 제품으로 기존 드라이비트나 스터코에 비해 가격이 다소 높다. 미장 마감재는 오염에 약해 후레싱 처리 등에 만전을 기해야 하고, 충격에 약하기 때문에 주의해야 한다.

Question 24

단열재는 무엇으로 할 것인가?

모든 곳의 단열이 중요하다. 그래도 단열 공사에서 비용 절감을 고려한다면, 단열의 우선순위를 정하라.

단열은 건축물에 있어서 매우 중요한 부분이다. 옛날 다가구주택이나 단독주택은 '외풍이 심하다', '춥다'는 이미지가 강했는데, 이 또한 단열이 잘 안 되어서 생긴 인식이다. 단열은 건물의 결로 현상과 누수 등에도 밀접하게 관련되어 있기 때문에 재료 선택부터 시공까지 매우 신경 써야 하는 공정이다.

최근에는 단열 공법이 발전하고 단열재 성능도 높아졌기에 아파트보다 더 따뜻한 주택도 많아졌다. 단열이 잘 된 집은 냉·난방비를 크게 절약할 수도 있다. 단열 관련 규정이 나날이 강화되고 있기에,

이에 따른 조건은 반드시 충족해야 한다. 이 부분은 건축가와 시공자, 감리자가 챙길 것이지만, 건축주도 좀 더 알고 접근한다면 보다 효과적으로 건축에 임할 수 있을 것이다.

단열재의 종류는 다양하다. 단위당 단가가 그리 차이가 나지는 않지만, 건물 전체에 두르는 만큼 건축비에서 차지하는 전체 비용은 결코 적지 않다. 단열재의 가격순서를 대략적으로 살펴보자.

스펙이나 브랜드에 따라 다르겠지만 흔히 쓰이는 단열재 중에서 가장 비싼 것은 경질 우레탄보드이고, 압출법 보온판이 그다음이다. 경질 우레탄보드에 비해서는 50% 정도 저렴하지만, 압출법 보온판을 주 단열재로 쓰는 현장이라면 단열에 신경 쓰는 현장이라고 봐도 무방하다. 다음으로는 회색 스티로폼으로 알려진 비드법보온판 2종, 즉 네오폴이다. 압출법 보온판에 비해 10~15% 정도 저렴하다. 일반적으로 매우 많이 쓰이는 단열재이다. 비드법 보온판 1종인 일반 스티로폼은 네오폴보다 약 20% 정도 더 저렴하다.

단열은 상황과 규정에 맞추는 것이 가장 중요하다. 필요한 경우 단열은 추가적으로 강화하는 것이 관리비 측면에서 권할 만하다.

경질우레탄보드

압출법 단열재

스티로폼 / 비드법보온판 1종

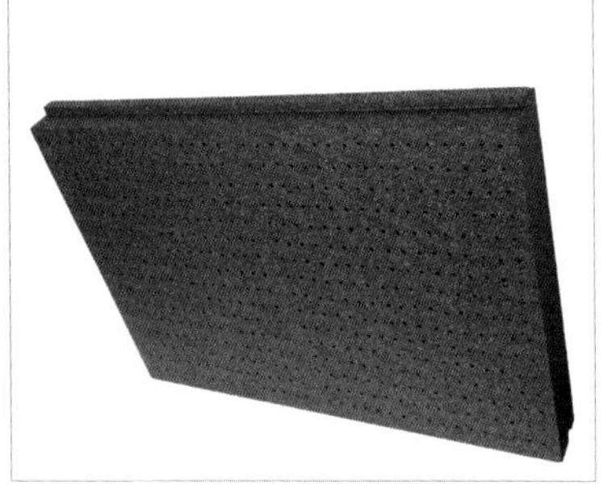

네오폴 / 비드법보온판 2종

곁다리 얘기 14

강화된 단열 규정

2018년 9월 1일부터 단열기준이 강화되었다. 건축 허가 시 충족해야 하는 부위별 열관류율이 높아지고, 단열재 두께도 더 두꺼워졌다. 예를 들어 중부1지역의 경우, 외벽단열재 두께가 65㎜(125㎜→190㎜)에서 최대 100㎜(185㎜→285㎜) 더 두꺼워졌는데, 물량이 증가하는 만큼 건축비가 상승하고, 창호 규격과 위치가 조정되며 내단열인 경우 실내 면적이 더 좁아질 수 있다. 때문에 단열 기준에 부합하면서 두께는 최소화하는 '가'등급 단열재를 찾는 수요도 높아질 것으로 보인다.

중부1지역*

(단위 : ㎜)

단열재의 등급			단열재 등급별 허용 두께			
건축물의 부위			가	나	다	라
거실의 외벽	외기에 직접	공동주택 외	190	225	260	285
	외기에 간접	공동주택 외	130	155	175	195
최상층에 있는 거실의 반자 또는 지붕	외기에 직접		220	260	295	330
	외기에 간접		155	180	205	230
최하층에 있는 거실의 바닥	외기에 직접	바닥난방 o	215	250	290	320
		바닥난방 x	195	230	265	290
	외기에 간접	바닥난방 o	145	170	195	220
		바닥난방 x	135	155	180	200
바닥난방인 층간바닥			30	35	45	50

*중부1지역 : 강원도(고성, 속초, 양양, 강릉, 동해, 삼척 제외), 경기도(연천, 포천, 가평, 남양주, 의정부, 양주, 동두천, 파주), 충청북도(제천), 경상북도(봉화, 청송)

Question 25

창호는 어떤 브랜드로 할 것인가?

창호는 실제 비용보다 효용 가치가 높기 때문에 충분히 고민하고 선택해야 한다. 조금 더 비싸더라도 좋은 것을 권한다.

창호 설치비는 생각보다 전체 공사 비용에서 차지하는 비중이 크지 않다. 전체 건축비의 5% 내외가 평균이다. 그러나 매수자의 입장에서는 집의 스펙을 판단하는 중요한 요소로 작용하기 때문에 실제 비용보다 그 효용 가치는 더 높다 할 수 있다. 개인적으로는 집을 평가할 때 접근성, 수익률 등을 제외하고 건축적인 면으로서는 외장재 다음의 판단 기준이 된다. 왜냐하면 건축을 생업으로 하는 사람이 아니고는 객관적으로 판단할 수 있는 요소들이 그렇게 많지 않기 때문이다.

창호는 크게 유럽식 시스템 창호, 국내 대기업 창호(이건창호, LG하우시스, KCC, 한화 등), 중소기업의 창호(영림, 공간 등)로 구분된다. 유럽식 창호, 특히 독일식 시스템 창호는 제품의 편차가 큰 편이고 비용 역시 높다. 기밀, 방음 등 성능이 매우 우수하지만 수익형 부동산으로 접근한다면 가성비가 안 맞을 가능성이 있다. 유럽식 시스템 창호는 주로 단독주택이나 점포겸용 및 다가구주택의 주인 세대에 적용하는 경우가 많다. 유럽 제품을 제외하고 국내 브랜드들을 살펴보면 이건창호와 LG하우시스가 가장 상급으로 평가된다.

동급의 성능을 가진 창호를 가격으로 살펴보면 LG하우시스와 KCC, 한화 제품은 10~15% 정도의 가격 차이를 보인다. 영림은 KCC 제품보다 10~15% 정도 더 저렴하다(같은 브랜드 내에서도 스펙이나 시공사의 거래처 여부 등에 따라 그 차이는 달라질 수 있다).

[창호 가격 비교]

LG 일반(임대) + LG 수퍼세이브(주인)	2*,902,891	
LG 일반(임대) + LG 파워세이브(주인)	2*,634,345	
한화 홈샤시(전체)	1*,000,000	
KCC(임대) + LG 수퍼세이브(주인)	2*,622,018	
한화 홈샤시(임대과 주인 등급 차이)	1*,064,200	
KCC(임대와 주인 등급 차이)	2*,600,000	주인세대 핸들적용 외부래핑 - 주인세대 + 임대세대 내부래핑 - 주인세대만

회사마다 창호의 색이 다를 수도 있다. 경험상 LG하우시스 제품은 외부에 노출되는 면이 도장이나 시트지가 기본값으로 적용되고 내부는 선택인 경우가 많았다. KCC는 내외부 색을 다 선택해서 별도의 비용을 내야 했다. 따라서 창호를 비교할 때에는 동일한 기준을 두고 하는 것이 정확할 것이다. 나는 브랜드 중에 가장 비싸지만, 추후 팔 때를 대비한 가성비와 효용성을 고려하여 주인, 임대세대 모두 LG하우시스 제품으로 결정했다.

창호 시트지(블랙)

창호 시트지(없음)

창호 시트지(목무늬)

외부 흰색 창호 마감

창호 도면 보기

창호 도면은 일반인에게 복잡해 보인다. 창호별로 크게 PW, SSD 등 약자가 쓰여 있다. 이 약자를 알고 보면 도면을 읽기 훨씬 쉬워질 것이다. 앞쪽의 표시는 재질을 뜻한다. 예를 들어 SS는 스테인리스, W는 우드, P는 플라스틱, A는 알루미늄 등을 나타내는 것이고, 뒤의 알파벳은 문의 종류, Door의 D, Window의 W를 의미한다.

창호 일람표

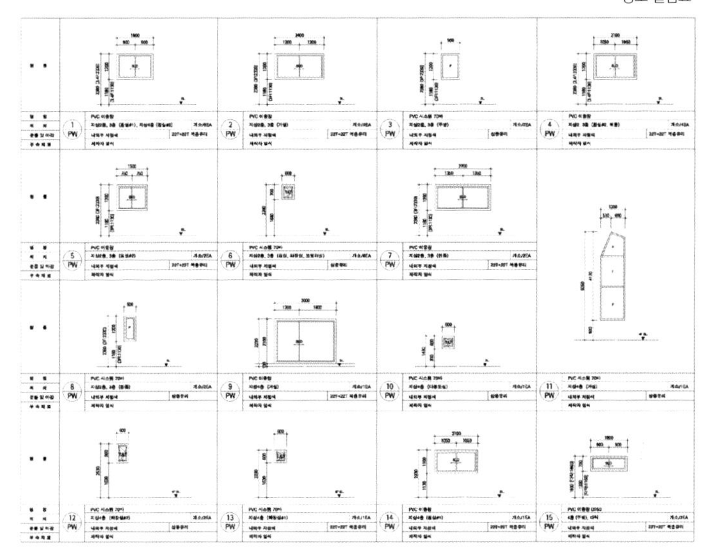

곁다리 얘기 16

유리는 어떻게 고를까?

유리는 두께와 종류에 따라 단열 성능과 가격이 달라질 수 있기 때문에 성능을 고려해 골라야 한다. 또한 유리의 색도 건물 전체 느낌에 영향을 줄 수 있으니 같이 고민해야 한다.

유리색을 중심으로 본다면 완전히 투명한 유리와 브론즈, 그린, 블루 이렇게 네 가지 종류로 나뉜다. 더 큰 비용을 쓰면 또 다른 색의 유리도 만들 수 있겠으나 일반적인 수준에서는 이 정도가 보편적이다. 한편, 단층창과 복층창이 있는데 단열에 장점이 있는 복층창은 주로 '로이유리(Low-E) 유리'를 사용한다.

일반적으로 유리에 대해 특별히 요구하지 않는다면 현장 소장, 시공사가 일괄적으로 지정한다. 별도의 요청사항이 있는 경우 미리 협의하면 되고, 스펙에 적힌 제품과 동일한지 여부는 성적서 등을 통해 확인하는 것이 안전하다.

그린(좌) / 브론즈(우) 유리 비교

곁다리 얘기 17

유리 로이코팅은 어떻게 확인할까?

우리 집에 사용된 유리가 로이코팅인지 아닌지 알 수 있는 방법도 있다. 유리는 한국산업표준(KS)의 기준에 따라 생산되는데, 복층유리의 기준은 KS L 2003으로 번호가 매겨져 있으며, 로이코팅이 속해 있는 단열복층유리는 그중 B종으로 구분된다. 모든 제품마다 모서리에 KS 마크와 함께 표준번호와 종류를 기입하도록 되어 있는데, 로이코팅 유리의 경우 'KS L 2003 B종 U3'로 표기되어 있어야 한다. U3-1은 16㎜ 복층유리, U3-2는 22㎜, 24㎜ 복층유리다.

로이코팅된 유리를 시공할 때는 반드시 코팅 면이 유리 내부에 위치하도록 해야 한다. 외기에 노출되면 산화되어 성능이 없어지기 때문이다. 유리는 각 면에 번호를 붙여서 이야기하는데, 번호는 항상 외부면에서부터 시작한다. 주거용 창호는 2중유리의 경우 유리의 3번 면에 코팅되어 있는 것이 좋고, 3중유리는 3, 5번 면에 코팅되어 있는 것이 좋다.

로이코팅 면을 확인하기 위해서는 유리창에 라이터를 대어 생기는 불꽃 잔상의 색깔로 구분한다. 유리 제조사와 제품마다 유리 고유의 색이 달라 어느 한 색으로 지정할 수는 없지만, 코팅 면의 색깔만은 다른 면과 다른 색을 볼 수 있다. 안쪽에서 라이터를 켜면 2중유리는 두 번째, 3중유리는 두 번째, 네 번째 불꽃의 색이 달라야 한다.

로이코팅 유리의 KS 마크

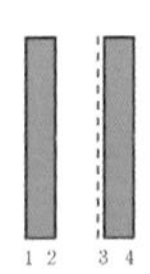

에너지 효율이 좋은 2중, 3중유리의 로이코팅 면

소프트로이코팅이 되어 있는 면은 불꽃 색깔이 다르다.

Question 26

지붕재는 무엇으로 할 것인가?

**디자인 콘셉트에 맞는 자재를 선택해야 한다.
지중해식 디자인의 건물에는 점토기와를,
모던한 건물에는 징크를 적용하는 게 일반적이다.**

지붕재도 의외로 꽤 다양하다. 흙으로 빚는 전통적인 점토기와, 점토의 무겁고 깨지기 쉬운 단점들을 보완한 금속기와, 세라믹기와, 가성비가 좋은 아스팔트싱글, 징크와 컬러강판 등이 있다.

가격으로 본다면 기와와 오리지널 징크가 가장 비싼 축에 들고, 컬러강판류와 아스팔트싱글 순이다. 최근 트렌드로 본다면 컬러강판이 가장 많이 쓰이는 편이고, 건물의 디자인과 색감에 따라 스페니쉬기와(점토기와)도 많이 보인다. 모든 자재가 그러하듯 개인의 취향과 상황, 단가가 우선이겠지만 나의 경우 컬러강판이 무난하다는 판단을 내렸다.

점토기와

이국적인 디자인에 주로 쓰이고, 특히 스페니쉬 기와의 선호도가 높다. 방수성과 열차단성, 통풍성이 좋으나 모던한 느낌에는 다소 어울리지 않는 경향이 있다. 자재 자체의 비용과 시공비는 상대적으로 비싼 편에 속한다.

아스팔트싱글

가격도 싸고 시공도 편하기 때문에 많은 인기를 끌었지만, 최근에는 가볍고 저렴한 이미지 탓에 호불호가 갈리고 있다. 제품에 따라 보증연한이 다른데, 누수 위험을 막는 디테일한 시공 방법이 요구된다.

징크

아연강판으로 표면에 자연스럽게 녹이 진행되어 내부 부식 방지에 효과적이다. 따라서 별도의 도색을 하지 않은 자연스런 모습으로 외장을 하는 것이 대부분이고 방수도 뛰어나다. 오리지널 징크 제품은 매우 비싼 가격이 단점이다.

컬러강판

흔히 리얼징크로 불리며. 아연도금 철판에 특수 도장을 한 강판으로 비싼 오리지널 징크를 대체하기 위해 생산되었고, 현재 가장 많이 쓰이는 지붕재 중 하나이다. 저렴한 가격에 다양한 색과 질감을 표현할 수 있는 장점이 있지만, 일부 제품은 부식이 있을 수 있다. 또한 잘못 시공될 경우 우는 하자가 발생하기도 한다.

Question 27

후레싱을 꼭 해야 되나?

외형에 있어 임팩트와 깔끔하게 정리하는 데는 좋은 방법이다.
그러나 외장재에 따라 선택해야 한다.

후레싱은 창호 주위에 테두리를 돋보이게 하는 디자인적인 역할과 동시에 재료 분리에 따른 누수 위험 방지, 자재 마감 주변 눈물 자국 방지 등 중요한 역할을 한다. 누수 방지를 위해 후레싱을 꼭 처리해야 하는 외장재로는 파벽돌, 세라믹 사이딩, 스터코 등이 있다. 최근에는 디자인 포인트로 하는 경우도 많다. 그러나 설치 비용이 만만치 않기 때문에 다양한 사례를 보고 꼭 필요한지 여부를 잘 판단할 필요가 있다. 설치를 결정했다면 4면 처리할 것인지, 위아래만 할 것인지 등도 건축가와 상의해야 한다.

눈물 자국에 영향을 많이 받는 외장재는 최소 1면 이상의 후레싱

(하단) 처리를 권한다. 외단열 미장 마감(스터코, 드라이비트 등)이나 밝은색 벽돌은 하단 후레싱으로 물끊기 처리를 하는 것이 좋다. 한편, 대리석과 같은 돌 외장재는 눈물 자국에 대한 위험이 덜하기 때문에 굳이 후레싱처리를 할 필요는 없다.

나는 백고벽돌의 면에는 디자인을 위해 후레싱을 4면으로 선택했고, 스터코 면에는 창호 하단에만 설치했다. 후레싱과 난간을 함께 설치하는 것은 쉽지 않고, 디자인상으로도 서로 어울리지 않는다.

4면 후레싱처리된 그레이구스 창호 디테일

Question 28

어떤 엘리베이터를 선택할 것인가?

브랜드와 가성비를 고려하면서 A/S 등도 같이 고려할 수 있는 대중적인 엘리베이터를 선택하는 것이 무난하다.

2017년 시장점유율을 기준으로 따지면 현대 엘리베이터(41%), 다음으로 동양엘리베이터를 인수한 티센크루프 엘리베이터(26%), 그리고 오티스 엘리베이터(12%), 미쓰비시(3%), 그 외 기타(18%) 순이다. 일반적으로 품질 자체만 두고 본다면 오티스가 가장 좋다고 알려져 있다. 그만큼 가격 면에서도 오티스가 가장 비싸고, 그다음 현대 엘리베이터, 티센크루프 순이다.

중소기업 엘리베이터도 있다. 다만, 처음 집을 짓는 건축주로서 품질을 검증할 자신이 없다면 지명도와 A/S 등을 고려해 상위 3개 브랜드 중 고르는 것을 추천한다. 또한, 만에 하나 엘리베이터에 문제가 생겼을 경우 후속 조치를 빠르게 취할 수 있도록 서비스센터가 많은 업체를 고르는 것 역시 중요하다.

엘리베이터는 탑승 인원에 따라서도 가격이 다르다. 그러나 가격으로 치면, 중형차 한 대 값 정도인 데다 이용자의 안전과 관련된 만큼 엘리베이터 역시 이것저것 따지고 구매해야 후회가 없다. 최근에는 오작동 시 혹은 정전 시 비상으로 움직일 수 있는 ARD(비상 배터리 포함)라는 장치도 있다. 이 장치의 유무까지 확인하는 것이 좋다.

한편, 매일 타는 엘리베이터이지만 무심한 사람은 바닥재가 무엇인지도 모를 것이다. 업무용 오피스라면 대리석일 가능성이 높다. 반면 다가구주택이나 상가주택이나 오래된 아파트는 거의 데코타일로 되어 있다. 바닥재 역시 선택의 영역이다. 티센크루프의 경우는 약 50만 원을 추가하면 인조대리석으로, 100만 원을 추가하면 천연대리석으로 마감해 준다. 그러나 50만 원의 비용을 엘리베이터에 쓸 것인지, 아니면 다른 곳을 업그레이드할지는 건축주의 몫이다. 실용성과는 무관한 자재에 추가금을 쓰는 것이 낭비라고 생각될 수도 있으나 건물의 차별화, 고급화 전략을 취하는 건축주에게는 시도할 가치가 있는 옵션이다.

나는 티센크루프의 엘리베이터를 통상적인 금액보다는 싸게 하였고, 엘리베이터 바닥은 대리석으로 지정했다. 최근 일부 지역에서는 엘리베이터 공동구매 방식도 있으니 잘 찾아보길 바란다. 또한, 건축주는 준공 후 승강기 안전 교육을 수료해야 하고, 3개월 안에 엘리베이터 관리 업체를 필수적으로 선정해야 한다. 지역마다 다르겠지만 월 10만 원 수준의 관리비가 든다.

직장인, 겁 없이
상가주택 짓다

제5장

집, 꾸미다

Question 29

싱크대와 붙박이장은 어떤 등급으로 할까?

인테리어는 개인적 취향에 따른 선택의 영역이다.
그러나, 임대를 목적으로 하는 상가주택이라면
가성비와 유지관리를 최우선으로 고민해야 할 것이다.

첫 번째로 받은 싱크대 견적은 예상보다 꽤 높게 나왔다. 총 5가구에 3천만 원을 훌쩍 넘었다. 주로 고급 단독주택을 맡아 하는 시공사 입장에서는 재질과 디자인까지 고려했을 때 과한 금액이 아닐 테지만, 내 기준에서는 너무 높은 금액이라는 생각이 들었다.

내가 짓는 건물은 우리 가족만 사는 단독주택이 아니고, 임대 건물인 것을 고려할 때 그대로 진행하는 것은 과하다는 판단을 내리고 시공사 측에 다운그레이드를 요청했으나, 원하는 만큼 금액이 내려가지 않았다. 이러한 상황에서 직접 주방 가구에 대해 공부를 시작해 보니, 지역적으로 유명한 군소 회사들이 눈에 띄었다. 사진으로 봤을 때 꽤 괜찮은 곳들도 몇 군데 있었다.

평이 괜찮은 업체로만 추려 후보를 지정한 후, 공사 현장까지 올 수 있는 4곳에 견적을 요청했다. 가격 비교가 목적이었기 때문에 첫 번째 받았던 견적서 상의 하이그로시 상판을 가정하고, 견적을 받아보았다. 5가구의 싱크대 및 붙박이장, 신발장을 포함한 총 제작 가구 비용은 1,700만~2,000만 원 수준으로 형성되었다. 이 중 구매평이 좋고 소통을 성실히 하는 업체를 선정해 일을 맡겼다. 그들이 쓰는 대리석 상판 또한 LG하우시스나 한샘 제품인 경우가 많기 때문에 품질의 차이는 크게 없을 것이다. 다만, 시공 능력의 차이는 있을 수 있겠지만, 그 정도는 넘어갈 수 있는 항목이라고 판단했다.

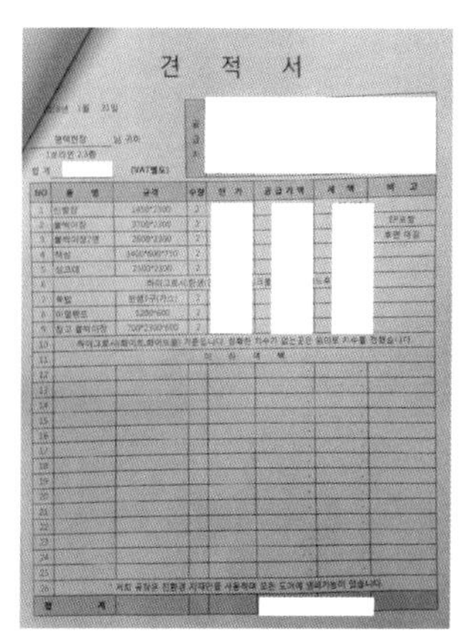
견 적 서

싱크대 업체 중 한 곳의 견적서

주인 세대 주방가구(PET 소재) 스케치업 계획과 실제 시공 이미지

임대 세대 주방가구(하이그로시 소재) 계획과 실제 시공 이미지

곁다리 얘기 18

주방 가구 자재는 뭐가 좋을까?

[싱크대 상판]

싱크대의 상판은 대략 네 가지 종류로 나눌 수 있다.

· 스테인리스 스틸 상판

80~90년대 주로 쓰이던 스테인리스 스틸 상판은 얇은 재질로 잘 찌그러지고 낮은 퀄러티의 상판이었으나, 최근 고급 주택이나 음식점에서는 두껍고 고급스럽게 표면 처리를 한 고가의 스테인리스 스틸 상판이 사용되는 추세이다.

· 인조대리석 상판

가장 많이 쓰이는 제품으로 비싼 천연대리석을 대체하기 위해 개발되었다. 관리가 쉽고 가격이 합리적이고, 재가공 등이 쉬워 보수가 어렵지 않다는 장점이 있다. 또한 다양한 색상과 디자인 옵션이 있다. 단, 열에 약하기 때문에 변색 가능성의 단점도 있다. 돌가루 함량을 보다 높여 고급스럽게 제조한 엔지니어드 스톤도 인조대리석의 한 종류이다.

· 천연대리석 상판

대리석 특유의 자연스러운 무늬와 고급스러움이 장점이나, 물을 흡수하는 성질이 있기 때문에 변색의 소지가 있다. 또한 매우 비싸고, 무거워 다루기가 어려우며, 파손 시 부분수리가 어렵다는 단점이 있다.

· 원목 상판

따뜻하고 자연스러워 최근 건축하는 고급주택에 많이 사용되고 있다. 단, 나무의 특성상 갈라짐이 있을 수 있고, 가격이 비싸다.

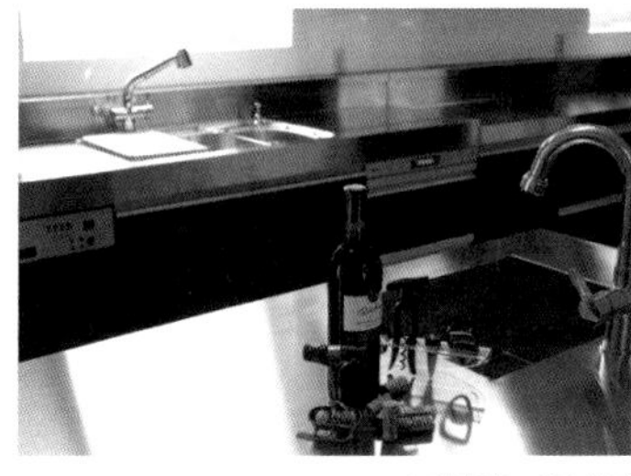

스테인리스 스틸 상판

인조대리석 상판

천연대리석 상판

원목 상판

[싱크대 도어]

브랜드 가치, 수급 상황 등에 따라 달라질 수 있지만 자체 퀄리티와 비용을 기준으로 주로 쓰이는 제품군의 등급을 매겨보자면 파티클보드<멜라민<하이그로시<PET<도장 순이다.

· PB(Particle Board)

파티클 보드는 원목으로 목재를 생산하고 남은 폐자재를 곱게 부수어 접착제와 섞어 고온·고압으로 압착 및 가공하는 합판이다. 가격이 저렴하고 제작 및 가공이 용이하다. 단, 미세가공이 어렵고 수분에 약한 것이 단점이다.

· LPM(Low Pressure Melamine)

멜라민 수지를 낮은 압력을 가해 만든 성형용 수지로 저가형 합판 제품이다. 접착제를 사용하지 않아 시트지 방식에 비해 친환경적으로 인식되고 있다. 스크래치와 습기에 강하고 다양한 문양이나 모양을 만들어 낼 수 있다.

· 하이그로시

원목에 특수한 코팅을 입혀 광택을 살린 합판이 고광택이 되도록 제작한 방식이다. 표면의 강도가 좋아 스크래치에 강하고 오염 물질도 잘 닦여 관리가 편하다는 장점이 있다. 가장 일반적이고 대중적인 제품이라고 보면 좋다.

· PET

우리가 흔히 알고 있는 페트병의 재질로, 색을 입힌 PET를 MDF보드에 부착하는 방식이다. 하이그로시에 비해 무광으로 표현을 할 수 있는 점과 하이그로시보다 변색의 속도가 느려 더 고급자재로 분류되며 최근 유행을 타고 있다.

· 열전사

고압축열로 문 표면에 부착하여 오랫동안 변함없이 쓸 수 있고 기존 래핑의 들뜸 현상을 방지한다는 장점이 있다. 질은 좋으나, 가격은 비싼 편에 속한다.

· 우레탄 도장

가장 세련된 디자인이자 비싼 방법으로 다양한 표현 방식과 항상성, 고급스러움의 장점이 있다. 써 본 사람들의 만족도가 높고 인테리어에 많은 비용과 정성을 들이는 건축주가 선택하는 자재 중 하나이다.

PB(Particle Board)

LPM(Low Pressure Melamine)

하이그로시

PET

열전사

우레탄 도장

Question 30

타일은 어떤 것을 쓸 것인가?

어떤 사람은 타일을 보고 건물이 고급인지 저급인지 판단하기도 할 만큼 예민한 자재라고도 볼 수 있다. 무엇보다 조화가 중요하다. 가성비와 조화를 동시에 생각하자.

타일 역시 제품 자체의 고급·저급 사양이 나뉘겠지만, 각자의 취향과 호불호에 따라 제품과 패턴을 선택할 수 있기 때문에 최대한 자신의 기준에 맞는 의사결정을 하는 것이 우선이겠다. 일반적으로 시공사 견적에서는 상급의 타일을 기준으로 견적을 책정하고, 현장에서 구체적인 타일 제품을 고르는 방법을 추천한다. 공사 중 선택의 시기가 되면 시공사가 거래하는 업체에 함께 가서 타일을 고르게 되는데, 그런 선택권을 준다는 것은 고를 수 있는 범위 내 가장 비싼 타일로 예산을 책정했음을 의미할 수 있다.

그러나 건축주가 직접 구매해 지급하는 식으로 진행한다면 비용을 절감할 기회가 되기도 한다. 반나절만 을지로를 다니며 발품을 팔아보자. 과연 '꼭 고급 타일을 써야 하나?'라는 생각이 들 수 있다. 더군다나 임대세대의 경우 임차인이 수시로 바뀔 가능성을 염두에 둘 때, 화려해서 비싼 제품보다 무난하고 심플한 제품을 적용하는 것이 비용이나 매매 경쟁력 부분에서도 합리적일 것이다.

㎡당 6천 원인 타일과 ㎡당 2만 원의 타일을 각각 놓고 비교할 때는 어떤 것이 나은지 구분이 되겠지만, 타일이 놓인 실내의 전체적인 색감과 조명, 다른 가구와 자재 등과의 조화를 따져보면 과연 이 금액 차이가 그만큼의 효과를 발휘할까 하는 의구심이 든다. 결국은 전체적인 조화 속에서 타일의 선택도 이루어져야 한다.

시장조사차 직접 알아본 바에 의하면 아주 일반적인 수준으로 협상 없이 책정한 가격으로 봤을 때 주방 타일은 ㎡당 1만6천 원, 화장실 타일은 7천~2만 원, 현관 타일은 1만 원 내외 정도로 예산을 잡았다.

Question **31**

바닥재는 무엇을 쓸 것인가?

상가주택, 다가구주택에서 많이 쓰는 바닥재는 폴리싱 타일, 강화마루, 강마루, 데코타일, 장판 등이 있다. 가성비 측면에서 볼 때 임대세대는 데코타일이나 장판, 주인세대는 취향에 따라 선택하는 것을 추천한다.

데코타일과 강마루, 강화마루 등은 원재료, 브랜드에 따라 가격 차이가 많이 나므로, 아래의 자료를 맹목적으로 신뢰하지는 말길 바란다.

강마루는 ㎡당 3만~5만 원, 강화마루는 2.5만~4만 원, 데코타일은 5천~1만 원 선이다. 시공자의 인건비는 별도이고, 시공방법이 각각 다르기 때문에 인건비 포함 가격 차이도 크게 나는 편이다. 또한, 재료와 별개로 디자인에 따라 구분할 수도 있는데, 최근에는 헤링본 스타일의 강마루나 데코타일이 유행이다. 헤링본은 보다 고급스러워 보이고 젊은 세대들의 취향에 잘 맞는 편이나, 자재 로스가 많고, 시공 난이도가 높아 같은 재료라 해도 시공비를 포함하면 단가가 약 15~20% 더 비싸다. 나는 임대세대는 데코타일, 주인세대는 강마루와 데코타일(다락)로 바닥재를 선택하였다.

곁다리 얘기 19

바닥재 종류별 특성

강화마루

톱밥처럼 분쇄한 목재와 접착제를 혼합하여 판을 만들고 표면에 원목 무늬의 필름을 씌운 것이다. 시공은 일반적으로 폼시트를 깔고 그 위에 마루재를 끼워 맞추는 방식이다. 가격이 저렴하고, 외부 충격에 강하다는 장점이 있다. 열전도율이 다소 떨어지고 수분에 약하며 온도에 따라 수축·팽창하기 때문에 하자로 들뜸 현상이 발생하기도 한다.

원목마루

원목을 그대로 사용하는 바닥재로 합판마루보다 표면에 올라가는 나무 두께가 더 두껍다. 바닥에 접착식으로 시공한다. 촉감이 좋고, 친환경적이며 고급스러운 반면 가격이 비싸고 내마모성이 약해 주기적인 관리가 필요하다.

강화마루

원목마루

강마루

매우 보편적으로 쓰이는 바닥재이다. 강화마루와 원목마루의 장점을 최대로 살린 제품으로 열전도율이 높고 원목마루보다 표면이 강해 충격에도 강하다. 원목마루에 비해 비용이 저렴한 한편 습기에 약하다는 단점이 있다.

데코타일

목무늬, 석재느낌 등 장판에 비해 다양한 디자인이 가능하고, 시공비가 저렴하다. 오염이나 파손 시 한 부분만 교체가 가능하기 때문에 유지관리가 용이하다. 그러나, 연결 부위의 오염으로 청소가 번거롭고 동절기·하절기에 따라 수축·팽창이 있어 하자 발생 위험이 높다.

장판

대중적이고 포근한 느낌이 있으나 무늬 등 디자인 측면에서 다소 단조로울 수 있다. 데코타일에 비해 마감이 깔끔하고, 쿠션감이 좋아 집에 아이가 있는 경우 선호도가 높다.

강마루

데코타일

장판

Question 32

조명은 어떤 것을, 어디서 사야 할까?

조명은 인테리어 오브제 중에 가장 임팩트 있는 요소다.
적재적소에 조명을 잘 써야 분위기가 훨씬 살아난다.

인테리어에서 많이들 신경 쓰는 부분이 조명이다. 나도 조명 때문에 많은 고민을 했다. 일반적으로 설계단계에서 건축가가 조명을 제안해 준다. 조명은 다른 인테리어 요소보다 개인의 선호가 더 크게 반영되는 영역이기 때문에, 조언을 들어보되 가능하면 직접 고르는 것을 추천한다.

나의 경우 가장 신경 쓴 조명은 주인세대에 길게 늘어뜨린 LED 조명이다. 처음에는 높은 천장을 살려주는 샹들리에를 구하려고 많은 가게를 다녀봤지만, 결국 마음에 드는 것을 찾지 못했다. 디자인이 마음에 들면 조도가 맞지 않거나(거실 메인등으로 다른 매립등을 설치하지 않아 하나만으로도 충분한 조도가 필요했다) 금액이 매우 비쌌다. 결국 전선 길이, 판의 너비 등을 개별 지정하여 을지로의 한 가게에 주문 제작을 요청했다. 다행히 디자인에 비해 수공이 많이 들지 않아서 그리 비싼 수준은 아니었다.

최근 실내등은 큰 등을 다는 것보다 다운라이트 같은 작은 매립등을 여러 개 설치하고, 포인트등이나 스탠드 조명을 추가하는 것이 추세이다. 특히 고급 단독주택의 경우 대부분 이러한 스타일로 계획한다. 내가 짓는 건물 역시 상당 부분 매립등을 설치하고, 임대세대는 충분한 조도를 확보하는 메인등으로 방등, 거실등을 활용했다. 센서등은 보이지 않는 곳은 1만원 이하의 것들로, 외부나 내부에 노출되어 자주 쓰는 센서등은 좀더 높은 사양의 제품으로 차별화를 두어 선택했다.

요즘은 많은 사람들이 조명 전문 온라인 판매 사이트를 활용하는데, 을지로 조명거리에 직접 한 번 나가서 실제 느낌을 보길 권한다. 가게마다 각기 보유하고 있는 조명들이 같은 듯하면서도 미세하게 다른 부분이 있다. 발품을 팔아 내가 좋아하는, 혹은 필요한 조명들이 가장 많은 곳 몇 군데를 선정한 후 조명 리스트를 주고 견적을 받아보자. 그중 한 곳을 선정하여 온라인사이트와 비교해 가격을 어느 정도 맞춰줄 수 있는지 물어본다. 이렇게 직접 거래하는 것이 온라인보다 더 유리하고, A/S 측면에서도 좋을 수 있다.

그레이구스에 적용된 다양한 조명 설치 모습

Question 33

벽지를 붙일까, 페인트로 칠할까?

상가주택이나 다가구주택의 주거세대 벽은 주로 벽지나 도장으로 마감한다. 가성비를 생각한다면 도장보다 벽지로 하는 것이 나을 것이다.

벽지는 합지벽지와 실크벽지로 구분된다. 합지는 실크벽지보다 유해 물질이 덜하고 통풍성은 좋지만, 얇기 때문에 기존 벽지 위에 도배할 경우 마감이 매끄럽지 못하고 내구성이 떨어지는 단점이 있다. 실크벽지는 코팅이 되어 있는 재질로 오염에 강하고 내구성은 높지만, 합지에 비해 비싸고 통풍성이 다소 떨어지는 단점이 있다.

비용과 교체 주기, 유지·관리 등을 고려하면 일반적으로 임대세대는 합지, 주인세대는 실크벽지와 합지를 섞어 쓰는 편이다. 요즘은 합지벽지의 디자인이 다양해져서 주인세대에도 합지벽지를 쓰는 경우가 많다. 단, 합지벽지는 실크벽지에 비해 두께가 얇기 때문에 바탕이 되는 석고보드 면이 고르지 않거나 면 사이 퍼티 작업이 잘 되어 있지 않으면, 울퉁불퉁한 면이 그대로 드러날 수 있음을 주의해야 한다. 실크벽지와 합지벽지의 가격 차이는 1.5배 전후 수준이다. 시공 인건비에도 다소간의 차이가 있으니 사전에 알아보고 결정해야 한다.

도장은 손이 많이 가고 공기가 길기 때문에 비용이 다소 높은 편이다. 도장 면을 매끄럽게 하기 위한 사전 작업이 필요하고, 공사 중 내부에서 어떤 작업도 할 수 없어 시일이 다소 걸린다. 단, 벽지에 비해 깔끔하고 심플하다는 것, 조색을 통해 원하는 색을 고를 수 있다는 점, 부분 보수가 용이하다는 것이 큰 장점이라고 볼 수 있다.

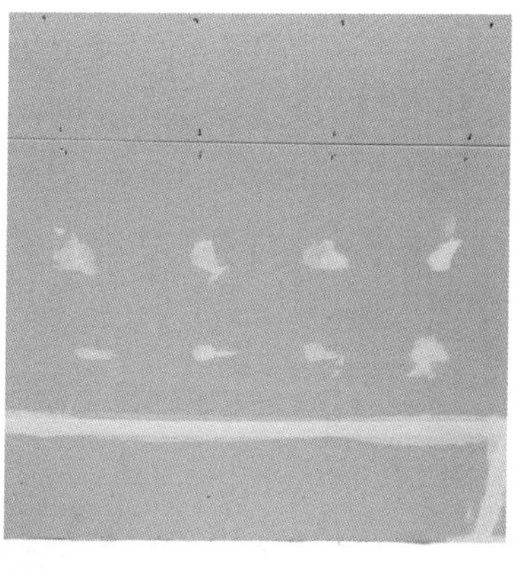

도장 전 석고보드 면의 평탄화 작업 모습

Question 34

출입문은 자동문으로 할까, 여닫이문으로 할까?

A

출입문은 사람이 집과 처음 접촉하는 부분이기 때문에 가성비보다는 문의 열고닫음, 출입성 등 실용성과 디자인을 먼저 고려해 선택하는 것이 좋다.

다가구주택이나 상가주택의 메인 출입문은 슬라이딩 자동문이 주로 쓰인다. 슬라이딩 자동문은 일반적으로 150만 원 전후인데 업체마다 가격이 다르고 조정 폭도 차이가 있다.

스윙문은 슬라이딩 자동문에 비해 가격도 저렴하고 특유의 디자인 및 프라이버시 보호를 원하는 사람들이 주로 선택한다. 그러나 짐이 많을 경우 손으로 직접 작동해야 하는 불편함이 있고, 건물의 이미지에도 큰 영향을 끼치기 때문에 가성비만 고집할 수 없는 부분이기도 하다.

출입문은 프레임 종류에 따라 스테인리스 자동문, 알루미늄 자동문, 색을 선정할 수 있는 갈바 프레임 등으로 나눌 수 있다.

스윙도어

그레이구스의 자동 슬라이딩 도어

Question 35

중문은 설치해야 할까?

**집의 크기나 외기와의 접촉면, 외풍 등을 고려하고,
필요하다면 적극적으로 설치하자.**

최근 인테리어를 새롭게 하는 집을 보면 대부분 중문이 꼭 들어가 있다. 앞으로도 매우 중요한 요소로 부각되리라고 본다. 나의 경우, 건축한 집의 주인세대는 현관과 복층으로 올라가는 계단이 바로 붙어 있어, 중문을 달기가 애매한 구조였다. 오히려 더 번잡해 보일 수 있겠다는 생각에 중문을 설치하지 않았다. 개인적으로는 개방감을 더 느낄 수 있는 선택이라고 생각한다.

임대세대 중 쓰리룸의 경우는 시공도 용이하고 거실 면적도 넓은 편이라, 현관과 거실을 분리하는 성격의 중문을 설치했다. 반면, 1.5룸은 중문 설치를 오래 고민했다. 중문을 달기에 구조도 괜찮았고,

중문이 없는 주인세대 현관

쓰리룸 임대세대의 중문

필요성도 있어 보였지만, 중문 가격은 한 가구당 70만~90만 원 수준. 더 낮은 가격의 모델을 선택할 수도 있겠지만, 이는 오히려 집의 수준을 떨어뜨려 보일 수도 있었다. 결국 '70만 원을 더 투입할 것인가?'라는 질문이 남는다. 지금 당장은 아니지만 어느 시점에서는 매도를 하게 될 것이고, 최소 약 5년간 임대를 놓을 수 있다는 생각에 미치니 중문을 다는 비용 대신 한 달에 1만 원이라도 월세를 깎는 것이 임대경쟁력이 좋으리라는 결론에 도달했다. 또한 인근의 1.5룸 중문 설치 현황을 살펴보니 50%가 채 되지 않아 다른 면에서 우리 건물만의 경쟁력을 갖춘다면 임대에는 큰 문제가 없어 보였다. 그리하여 1.5룸의 중문은 과감히 포기하고 다른 차별점을 찾기로 했다.

Question 36

수전·욕실 제품은 어떤 걸로 고를까?

A

수전·욕실 제품은 안목이 그리 없지 않다면 건축주 지급 자재로 사전에 합의할 것을 추천한다. 시공사가 제시한 금액이 합리적이라면 같은 선상에 놓고 고민하는 것도 방법이다.

수전·욕실을 선택하기 앞서 선행되어야 할 것은 건축주 지급 자재로 할지 결정하는 것이다. 시공사에서 정해 놓은 예산과 기본 자재 안에서 움직인다면 건축주의 선택 폭은 상당히 제한될 것이다. 의도치 않은 부분에 고급 자재를 써야 할 경우가 생기기도 하고, 반대로 매우 저급의 자재로 결정될 수도 있다.

건축주 지급 자재 추천 항목

수전·욕실 제품, 벽지, 타일, 조명 등 디자인에 대한 개인적 취향 차이가 있고 호불호가 큰 제품군

수전·욕실 제품은 전체 공사비를 고려할 때 매우 작은 부분이다. 요즘은 호텔이나 숙박업소의 고급 욕실 인테리어를 주택에 적용하는 사례도 많다. 다만, 수익성이 목표인 상가주택이라면 계속 강조하는 가성비를 간과하지 말아야 한다. 또한 호화로운 단독주택을 생각하는 것이 아니라면 전체 공사비 중 큰 부분이 아닌 곳에서 더욱 적극적으로 비용 컨트롤을 할 필요가 있다. 덮어놓고 제품 하나하나 업그레이드하다 보면, 결국 1천만~2천만 원의 공사비가 상승할 수 있다. 특히나 임대세대까지 고려한다면 고급보다는 효율을 더 생각해야 한다.

주인세대에 본인이 거주한다면 조금 자유도를 줘도 좋다. 그러나 주인세대마저도 임대해야 하는 상황이라면 최고급으로 만들어 놓고 세를 주기 아까울 수도 있다.

한 주택의 욕실 사진

을지로 거리에 타일과 도기를 전문으로 다루는 가게에서는 욕실 하나당 250만~400만 원 선이면 괜찮은 화장실을 만들 수 있다고 한다. 개략적인 욕실 용품의 단가 범위를 보면 변기는 7만~20만 원, 세면기는 5만~20만 원(일반적인 수준은 12만 원 내외), 수전은 3만~15만 원, 세면대 위 거울은 4만 원부터, 욕실장도 대략 5만 원부터 가격대가 형성되어 있다. 가격은 브랜드 인지도, 국산과 중국산, 디자인 스타일에 따라 차이가 있다.

브랜드를 고려한다면 대림바스나 아메리칸스탠다드 제품이 좋겠지만, 임대를 맞추는 현실에서 볼 때 세면기, 변기의 브랜드까지 고려하는 경우는 거의 없었다. 개인적으로는 세면대나 변기 제품은 중국산도 나쁘지 않다고 생각한다.

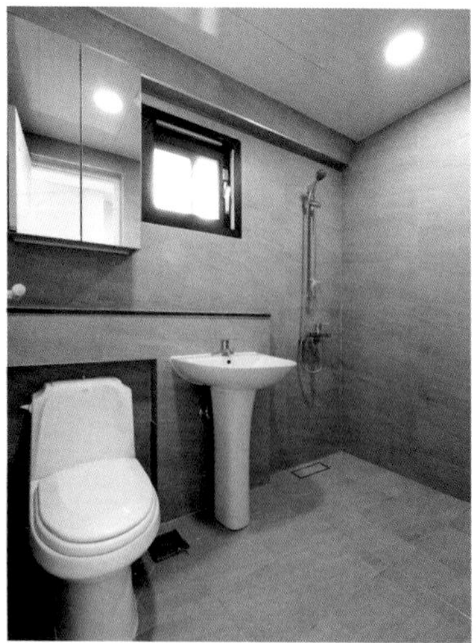

젠다이 설치 사례

세면대 위 선반을 부르는 '젠다이'는 욕실 트렌드에 비추어 설치하는 것이 좋으나, 설치 방법에 따라 가격 차이가 있다. 사례 사진의 좌측과 같이 설치한다면 재료비에 약간의 시공비만 추가되기 때문에 약 8만~15만 원 선으로 가능하다. 하지만, 오른쪽 사진과 같이 벽과 일체화된 디자인은 품이 더 들어가기 때문에 비용이 높아진다. 개인적으로는 선반 형식은 조금 불안한 느낌이 있어 오른쪽 디자인과 같은 방법을 선호한다.

최근 욕조 설치는 거의 없고, 샤워 부스 설치는 선택인 듯하다. 본인이 직접 거주할 집은 샤워부스를 꼭 설치하기를 권하고, 임대세대의 경우는 가성비를 고려하여 조정하면 된다. 일반적으로는 부스당 15만~20만 원 수준이다.

기타 욕실 제품 구매는 인터넷에서 할 경우 사진과는 다른 물건이 오는 경우도 많다. 을지로 도매상가(여기도 자체 홈페이지를 운영하고 있다)를 여러 곳 돌아보고, 전체 필요 수량에 따른 타일, 수전, 세면기, 변기, 욕실 용품 등의 견적을 직접 요청해서 비교 선택하는 것이 좋을 것이다. 물론 견적서에 정확한 스펙을 지정해야 하므로 생각보다 복잡할 수 있다.

이 과정이 번거롭게 느껴진다면 몇 개 샘플 가격을 파악한 후 가장 가격이 괜찮고, 신뢰 가는 업체에 리스트를 주면서 전체적으로 가격 조정을 하는 것도 좋은 방법이라고 생각한다. 이 모든 것이 여의치 않을 경우, 욕실 설치 사례를 시공사와 같이 살펴보고 대략적인 금액을 맞춘 후 일괄로 진행할 수도 있다.

Question 37

블라인드는 설치해야 할까?

블라인드는 가격이 높지 않고, 설치도 어렵지 않다.
비용 대비 효과가 좋기 때문에 가능하면 해 두는 게 좋다.

일반적인 택지지구는 다가구주택이 밀집되어 있기 때문에 건물과 건물의 간격이 매우 좁다. 이러한 조건에서 블라인드나 커튼은 필수이지만, 세입자는 자신의 돈을 들여 블라인드를 사야 한다는 것이 썩 내키지 않을 수 있다.

나의 경우 블라인드는 사실 고려하지도 않았다. 임차인의 취향이 반영되는 제품군이기 때문이다. 그러나 블라인드가 없는 것보다는 있는 것이 임대 경쟁력이 있다고 생각하고, 블라인드를 설치하기로 했다. 특히, 어떤 실의 경우는 거실과 부엌이 옆집에서 다 보이는 구조이기 때문에 블라인드를 설치하지 않을 도리가 없었고, 임시 조치

블라인드 설치 전과 후

만 취할 경우 외부에서 볼 때 건물 자체가 매우 지저분해 보일 가능성도 있었다.

인터넷에서 블라인드를 구매한다면 큰 돈을 들이지 않고 자기가 원하는 디자인을 정확한 치수로 배송받을 수 있다. 가격도 매우 저렴하고, 설치도 간단해졌다. 단, 내벽이 석고보드로 되어 있을 때는 블라인드 피스 고정이 쉽지 않아 창호에 직접 하게 된다. 이 경우, 창문을 열고 닫을 때 간섭이 없는 곳에 잘 표시해 설치해야 한다.

인터넷으로 블라인드를 주문할 때는 창문 사이즈를 정확히 측정해 가로의 경우 +5~10㎝ 정도 넉넉하게 주문할 것을 권한다. 큰 창문 하나당 블라인드는 2만~4만 원 수준이다.

Question **38**

가전제품은 어느 정도 수준으로 구비해야 할까?

가전제품은 전세인지 월세인지, 식구 수가 몇이나 될 지 등 임대 세대의 보편적 특성을 적극 고려해서 구성해야 한다.

원룸이나 1.5룸은 몸만 들어와 임시 숙소처럼 쓰는 경우가 많다. 구성원도 1~2인이라 가전·가구가 풀옵션으로 구비된 집을 선호한다. 최근에는 가전제품을 특화시켜 임대경쟁력을 갖추기도 한다. 블루투스 스피커, AI 스피커까지 넣어주는 가구도 생기고 있다. 나는 1.5룸의 경우 냉장고(160ℓ), TV(40인치), 가스레인지(2구), 전자레인지, 드럼 세탁기(9㎏), 에어컨(6평형)을 채워 넣었다.

쓰리룸의 경우는 이미 가전제품을 구비한 가족이 임대할 경우가 많다고 보고 가스레인지(3구) 말고는 특별히 옵션을 넣지는 않았으나, 세입자가 월세 계약을 원해 추후 별도로 풀옵션(에어컨, 냉장고, 세탁기, 가스렌지, TV 등)을 다시 준비해야 했다.

TV는 삼성, LG부터 중소기업 제품까지 모든 옵션을 열어두었다. 요즘은 중소기업도 높은 수준의 TV를 생산하고 있기에 중소기업 제품을 택했다. 대략 현재 시세로는 32인치 삼성의 TV가 40인치 이상의 중소기업 TV보다 비싼 편이다. 세입자 입장에서는 브랜드보다 크기가 더 중요하게 작용하리라 판단했다.

가전의 구매는 가전·가구를 전반적으로 제공해주는 회사를 찾거나, 각 회사의 B2B 가전 특판 담당자들과 협의를 해도 좋다. 같은 특판 B2B 판매자라 하더라도 단가가 다를 수 있기 때문에 최소 세 군데 정도 견적을 받아보는 것을 권한다.

그레이구스 1.5룸 가전제품 구성

업체 정보는 온라인 검색이나 관련 인터넷 카페에 문의하면 쉽게 알 수 있다. 간혹 코스트코 같은 대형마트가 B2B 판매업체보다 싼 경우도 있으니 참고하기 바란다.

Question 39

에어컨은 모든 세대에 설치해야 할까?

시스템 에어컨은 웬만하면 미리 설치해 놓는 것을 추천한다. 또한, 지저분한 배관이 싫다면 시공 시에 배관을 매립해 놓는 방법도 있다.

상가주택 중 전면 혹은 측면에 에어컨 배관이 늘어져 있는 것을 보면 성의 없게 지어지고 관리된 인상을 받는다. 아무리 잘 만든 집이라도 왠지 하자 있어 보이고, 건물의 매력도를 떨어뜨리는 요소가 된다. 나의 경우는 시공사에 따로 요청하지 않았는데도 에어컨 배관을 모두 매립하여 시공했다. 단, 모든 가구의 매립이 필요한지는 생각해 볼 필요가 있다. 한 세대의 매립 에어컨의 건축비용은 70만 원이었다. 이 경우를 대비해 에어컨 배관이나 실외기 앵글(개당 10만 원)도 미리 설치했다. 에어컨 설치 및 구입과 상관없이 설치 전에 대당 80만~100만 원 정도 선투입을 한 셈이다. 결론적으로 큰 고민없이 진행한 것이라서 가성비가 좋지는 않은 듯하다. 그러나 매립을 하지 않았다면, 지속적으로 지저분한 에어컨 배관으로 스트레스를 받았을 것이다.

한편, 에어컨은 배관 설치와 기계 설치를 동시에 하는 것이 좋다. 분쟁의 소지 때문에 먼저 설치된 배관에 기계만 설치하는 것을 업체 측에서 꺼리는 편이기 때문. 두 개를 분리할 경우, 꽤 많은 기회비용이 들 수도 있다. 그리고 비계를 설치하고 해체할 경우 별도의 장비(스카이 등) 비용이 추가되기 때문에 설치 시점도 잘 판단해야 할 것이다. 또한 집이 완공된 후에 그리고, 옆집 뒷집이 다 건축된 후에는 스카이 등 장비 이용에 상당한 애로사항이 있을 수 있다.

에어컨은 가능하면 시공 시 매립 배관으로 한 업자에게 동시에 맡기는 것이 가장 편하고 합리적인 방법인 듯하다. 단 시공 전에 미리 여러 업체의 견적을 받아보고, 선택하는 것은 필수다.

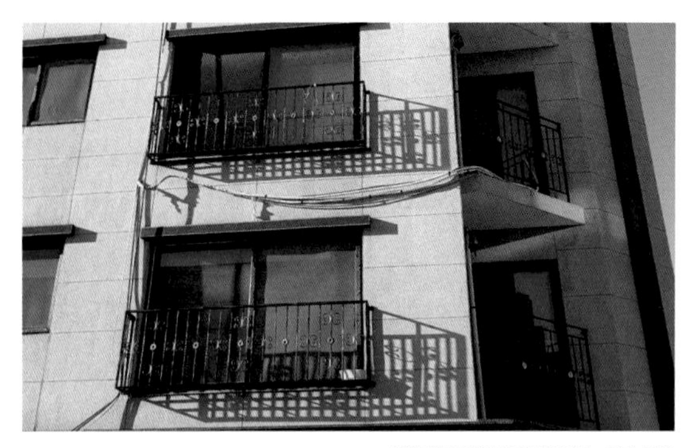

에어컨 배관이 지저분하게 노출된 경우

Question 40

붙박이장 외 가구는 어느 정도 제공해야 할까?

꼭 필요한 가구의 경우는 맞춤 제작보다 기성가구를 배치하여 투자비는 줄이고, 임대경쟁력은 높이자.

붙박이장은 깔끔한 맞춤형이기 때문에 선택의 폭이 넓고, 디자인상 제일 무난하다. 건축주가 오래 쓰고, 물건을 고정적으로 수납할 곳이라면 공간 사이즈에 딱 맞춰 붙박이장을 만드는 게 좋을 것이다. 문제는 비용이다. 간단한 책상 하나도 붙박이장 업체의 견적을 받아보면 책상도, 책장도 30만~40만 원 수준이다. 따라서, 꼭 사이즈를 맞춰 제작할 필요가 없는 가구는 기성품을 사는 것이 훨씬 유리할 수 있다. 예를 들어 TV장과 책상, 오픈 책장 등은 기성품을 사는 것이 훨씬 싸다. 이케아에서 구입해 직접 조립하는 것도 방법이다. 이케아에서 산 제품이 공간에 딱 들어맞지 않는다면 내장공사 목수가 있을 때 재단을 부탁하는 것도 방법이다.

책상의 경우 붙박이장 업체에 요청하니 약 20만 원 이상의 견적이 왔고, 굳이 그렇게까지 할 필요는 없었기에 이케아에서 상판과 다리를 사고 목수에게 상판 재단을 요청해 책상 한 개당 5만 원 남짓에 구비할 수 있었다. 책장 역시 사이즈가 애매해 처음에는 붙박이 책장을 고려했으나, 제작 업체에서 부르는 가격이 30만 원대였다. 고민 끝에 기성품을 구매하여 하부판을 재단해 보충하는 것으로 마무리지었다. 기성품은 6만 원 수준이었다.

기성품으로 배치한 책장과 책상

Question 41

고민되는 아트월, 어떻게 만들까?

아트월 나름의 고급스러움과 디자인 요소를 갖고 있어야 하지만, 아트월을 제외한 다른 부분과의 조화가 선행되어야 한다. 자신만의 디자인을 요구해야 한다.

인테리어 차원에서 아트월은 중요하면서도 고민스러운 존재이다. 아트월을 위해 간접 조명, 대리석, 벽 조명, 목공 마감 등 많은 시도를 해 보지만, 다른 요소와 조화를 이루지 못하고 따로 노는 경향이 있다. 차라리 아트월이 없는 것이 더 나은 공간도 있다. 아트월은 다른 벽면과의 분리를 뜻하기 때문에 공간이 크고 높다면 디자인상 강점이 있지만, 좁은 곳에선 오히려 단점으로 작용한다. 나의 경우는 임대세대는 면적이 최대한 넓어 보이도록 아트월 없이 동일한 톤으로 깔끔하게 마감하기로 했다.

그러나 주인세대가 문제였다. 주인세대의 포인트는 높은 거실 층고였다. 벽면만 4~5m(거실을 천장까지 올리고 복층 적용 안 함) 높이다.

우드톤으로 수직성을 강조할까, 대리석을 활용할까, 목공으로 가벽을 치고 간접 조명을 설치할까 등 여러 후보가 물망에 올랐다. 이러한 느낌의 아트월 제작에는 약 100만~200만 원 정도의 비용이 추가로 소요된다. 그중에서 최종까지 고민한 것은 웨인스코팅 + 도장으로 구현하는 아트월이었다. 가장 트렌디하면서도 실내 인테리어와 잘 어울린다고 생각했다. 그러나 주인세대 벽에 별도 도장 과정이 없었기 때문에 아트월 작업만을 위해 추가 인력을 섭외해야 하는 것이 부담스러웠다. 비용뿐만 아니라 도장을 하는 약 3일간, 다른 내장공사를 진행하기 어려운 것 역시 걸림돌이었다.

코르크를 활용한 아트월

친환경 흙 마감재로 따뜻한 느낌을 주는 아트월

천연 대리석으로 고급스러운 분위기를 낸 아트월

일반적인 인조대리석의 아트월

결론적으로 아래 사진과 같이 실크벽지 위에 웨인스코팅 장식의 몰딩을 덧대고 이 위에 도장하는 방식을 구현하기로 결정했다. 처음에는 기대한 만큼 잘 나올까 반신반의했지만, 결과는 매우 만족스러웠다. 가성비적인 관점에서도 디자인적인 면에서도 만족스러운 아트월이 나왔다.

그레이구스 주인세대의 아트월

Question 42

CCTV는 어떤 것을 설치할까?

CCTV는 주차나 쓰레기 단속까지 하는 보험 같은 요소이다. 다양한 사양 중 컨트롤 가능한 것으로 선택하자.

사건·사고 예방을 위해 설치하는 것으로 생각했던 CCTV가 최근에는 주차나 쓰레기 단속 등의 역할까지 겸하고 있다. 보편화된 만큼 CCTV가 없는 것은 임대경쟁력 측면에서 단점으로 작용할 수 있다. 최근에는 야간에도 확인 가능한 적외선 카메라 기능이 포함된 제품도 출시되고 있다.

제품만 두고 본다면 일반적으로 약 60만~70만 원 수준의 4채널 제품이 좋다. 좀 더 가성비를 높이는 접근을 원한다면 다가구주택을 전문적으로 하는 CCTV 업체에 일괄로 맡기는 것도 방법이다. 일정 수준을 담보하는 CCTV로 충분하다면 말이다.

최근에는 인터넷과 연계하여 월정액을 내는 CCTV도 선택지에 둘 만하다. 다가구주택 인터넷 설치 시, 답례품으로 CCTV를 설치해 주는 곳도 있으니 꼼꼼히 알아보자. 만약 손재주가 좋고 전기에 대해서도 잘 안다면 CCTV 카메라와 녹화기 제품만 구매해 직접 설치한다면 비용을 절감할 수 있을 것이다. 일반적으로는 약 20만~30만 원 수준의 제품을 구입한다. 나의 경우 전기 계통은 자신이 없어 모니터를 포함해 4채널 60만 원 수준의 제품을 설치했다.

그레이구스 CCTV

Question 43

계단실은 어떻게 꾸밀까?

A

**계단실은 최소 사이즈로 최소 비용을 쓰려고 했다.
대신 엘리베이터가 있는 주 출입구에 임팩트를 줬다.**

나의 경우는 건물 내 주요 이동은 엘리베이터가 될 것이라 생각하고, 설계 때부터 계단실에는 최소의 비용만 투입할 생각이었다. 더욱이 계단의 한쪽 전면이 개방감을 위해 유리로 되어 있었기 때문에 굳이 새로운 디자인 요소를 더할 필요가 없었다.

종종 상가주택, 다가구주택이 건축에 신경 쓴다고 계단 벽면을 타일로 마감하는 경우도 있지만, 우리 건물에는 탄성코트 도장만으로도 충분했다(도장보다 탄성코트의 단가가 더 비싸다). 대신 그 비용을 줄여 계단 조명이나 오브제 등을 활용해 오히려 더 고급스러운 느낌을 낼 수 있다. 나는 이케아에서 산 커다란 그림과 그림에 포인트를 주는 센서등을 활용해 심심한 도장 면에 우리 건물만의 개성 있는 분위기를 더했다.

반면, 계단 벽면에서 절약한 비용을 사람들의 출입이 가장 잦은 1층 엘리베이터에 썼다. 라왕각재로 벽면을 마감하고, 엘리베이터 좌우에 센서등을 달았다.

탄성코트로 도장한 벽면과 엘리베이터 공간 연출

계단실 한쪽의 전면유리

Question 44

건물명과 간판 제작은 어떻게 할까?

건물의 이름은 자녀의 이름을 짓는 것과 같다.
누구의 의견을 들어 바로 결정할 문제는 아니다.
자신이 지향하는 바, 건물이 갖고자 하는 이미지를 잘 생각하자.

최근 상가주택이나 다가구주택 건물에는 웬만하면 이름이나 별칭이 붙는다. 임대경쟁력을 위한 일종의 브랜딩인 셈이다. 그러나 집 판매를 업으로 하는 사람들은 이러한 이름에 큰 고민 없이 '로망스', '하모니', 'OO하우스' 등을 붙이곤 한다. 최근 건축가들 중심으로 'XX재', 'OO헌' 등의 한국적인 이름도 유행하고 있다. 내 생각엔 이름이 좋든 나쁘든, 건물의 이름에는 건축주 자신이 처음부터 생각했던 가치와 이미지가 담겨 있어야 한다고 생각한다. 그 이름이 아무리 유치하더라도 자신이 지은 이름이면 점점 애착이 갈 것이다.

나는 처음 설계부터 일조권으로 깎이는 부분, 필로티가 부각되지 않고 상가 부분의 벽체가 하나의 다리 같은 느낌을 내는 것을 형상화하면서 부(富)를 상징하는 '거위(구스, Goose)'와 외장재의 색을 고려한 '그레이(Grey)'를 붙인 '그레이구스(Grey Goose)'라는 이름을 생각해 두고 있었다. 외장재가 예상보다 덜 회색으로 나왔지만 그래도 그 취지와 느낌은 충분히 살린 결과물이 탄생했다.

이름이 정해지면 여러 가지 형태의 간판으로 만들 수 있다. 아크릴부터 철, 황동까지 다양한 방법이 있을 것이다. 개인적인 생각으로 아크릴은 내구성이 약하고 다소 성의가 부족한 느낌이 든다. 철은 처음에는 보기 좋지만, 시간이 지나면 녹이 슬어 원래의 형태를 알아볼 수 없을 정도가 되기도 한다. 따라서 황동이나 좀 두꺼운 아크릴로 제작해 관리가 필요없게 만드는 게 좋을 것이다. 또한, 상가의 간판이 아닌 건물명을 크게 강조하면 추후 임차인이 쓸 상가명과 중복되어 혼란을 줄 수 있다. 너무 도드라지지 않는 적당한 사이즈가 좋을 것이다. 2m 길이의 황동으로 제작한다면 을지로에서 약 40만~50만 원 수준에 맡길 수 있다.

그레이구스 간판

Question 45

외부 주차장 바닥은 뭘로 깔까?

주차장 바닥으로는 투수블록이나 컬러콘크리트를 주로 쓴다. 주변 다른 건물 상황과 내 조건을 비교해서 선택한다.

엘리베이터 바닥과 마찬가지로 특별히 관심을 기울이지 않았다면 다가구주택, 상가주택의 주차장 벽면과 진입로 바닥이 어떻게 되어 있는지 잘 기억나지 않을 것이다. 나 역시 고민을 하기 시작한 후에서야 한동안 모든 건물의 진입로 바닥만 보고 다녔다.

상가주택, 다가구주택의 바닥 면은 대개 두 가지 방법 중에 선택한다. 첫째는 투수블록, 둘째는 컬러콘크리트이다. 잔디, 디딤돌, 시멘트 콘크리트 마감 등도 있지만 여기서는 위의 두 가지만 두고 얘기하겠다. 내가 직접 답사를 다녀온 바에 의하면 판교·위례·광교와 같이 토지와 건물이 비싼 동네는 다수의 건축물이 투수블록을 적용하고,

그 외의 동네는 컬러콘크리트를 적용하는 편이다. 평균적으로는 컬러콘크리트를 훨씬 많이 쓰는 인상을 받았다.

투수블록은 '있어 보이는' 효과를 낸다. 그러나 비싸다. 그래서 대부분의 상가주택이 컬러콘크리트를 택한다. 컬러콘크리트는 투수블록에 비해 조금 성의 없어 보인다는 점과 시간이 지나면 금방 도색이 벗겨져 낡은 느낌을 낸다는 단점이 있다. 투수블록과 컬러콘크리트 가격은 약 2배에서 많게는 4배까지 차이가 난다. 투수블록으로 할 경우 일반적으로 100㎡ 기준 약 500만~800만 원, 컬러콘크리트는 약 200만~300만 원 정도의 수준이다.

투수블록 시공

컬러콘크리트 시공

내 건물이 세워지는 송담지구 대부분은 컬러콘크리트로 마감된 상황이었고, 나 역시 조금이라도 비용을 줄이기 위해 주차장 면은 컬러콘크리트로 마감했다. 대신 상가와 출입구 쪽은 좀더 신경 쓰고 내구성을 갖추고 싶어 약 20㎡ 정도 되는 공간을 현무암으로 마감했다.

애초에는 현무암 단가인 ㎡당 1만5천~2만5천 원 정도만 추가하면 되리라 생각했지만, 대지 상황에 따라 재단이 필요한 석공사여서 인건비까지 포함하면 결국 ㎡당 약 5만~6만 원 정도 들어가게 되었다. 아예 벽돌이나 색이 있는 바닥 등 다른 방법으로 포인트를 주는 것이 어땠을까 하는 아쉬움이 드는 부분이다.

그레이구스 출입구의 현무암 바닥과 우측 컬러콘크리트 주차장

Question **46**

외부 천장은 어떻게 할까?

디자인을 중시하고, 비용이나 상황이 가능하다면 라왕각재를 활용한 목재 천장을 추천한다. 물론 SMC도 좋은 천장재이다.

외부 천장에 쓰이는 자재 역시 일반인이라면 크게 관심을 두는 부분이 아니다. 대다수 상가주택 외부 천장은 SMC(Sheet Molding Compound) 소재를 쓰는데, 욕실에 흔히 시공하는 일체형 천장재를 떠올리면 된다. 이 외에도 알루미늄 소재나 DMC(Design Metal Ceiling) 천장재를 쓰는 곳도 있지만 아직 흔한 소재는 아니다.

답사를 다니며 목재 루버로 천장을 마감한 곳이 고급스럽다는 느낌을 받아서 견적을 신청했다. 일반적으로 50㎡의 SMC 천장재가 150만~200만 원 정도인데, 목재 루버로 마감을 할 경우 같은 범위에

250만~400만 원 정도로 약 40% 정도 더 비싸다는 정보를 얻었다.

비계를 철거하고 외관이 드러나자 SMC 천장재로 마무리하기에는 아쉽다는 생각이 들었다. 결국 적지 않은 가격 차이에도 불구하고 건물의 차별화를 위해 목재로 변경하였다. 현재까지 그레이구스는 송담지구에서 유일하게 외부 천장재로 목재를 쓴 곳이 되었고, 건물과 잘 어울리는 하나의 포인트가 되어주고 있다. 센서등도 업그레이드하여 건물로 진입하는 첫인상을 경쾌하게 심어주도록 하였다.

SMC천장재

그레이구스 외부 목재(라왕각재) 천장

Question **47**

상가 창호프레임은 무엇으로 할까?

내가 직접 운영할 상가라면 신경을 쓰고, 그렇지 않다고 하면 가장 일반적인 프레임으로 하는 것이 좋다고 생각한다.

알루미늄 창호의 영역이기는 하지만, 창호의 프레임은 일반적으로 일반 바와 히든 바로 구분된다. 일반 바는 사면이 알루미늄 프레임이고 내부에 유리를 고정시킨 후 쫄대 및 실란트로 고정하는 방식을 말하고, 히든 바는 고층 건물이나 고급 상점에서 흔히 사용되는 방식으로 장식적인 효과를 위해 알루미늄 바가 밖에서 보이지 않게 노턴 테이프와 구조 코팅으로 유리를 알루미늄 바 외부에 고정시키는 방법을 말한다. 일반적으로 상가주택의 경우는 히든 바보다 일반 바를 많이 사용한다. 혹시라도 견적에 히든 바로 되어 있다면 일반 바로 변경해 비용을 많이 낮출 수 있다.

히든바

일반바

Question **48**

베란다 바닥은 뭘로 깔까?

주인세대에 직접 거주할 경우는 데크 등 취향에 따라 신경 써서 선택하고, 임대를 줄 경우는 관리가 편한 우레탄도장을 추천한다.

일조권을 받는 건물의 경우 4층 주인세대는 대부분 베란다가 생긴다. 이 베란다 공간은 일부러 만드는 사람도 있을 정도로 활용만 잘 하면 주택 생활의 로망을 실현해 줄 장치가 되기도 한다.

나의 경우도 일조권으로 인해 4층 주인세대의 베란다가 예상보다 크게 나왔다. 고층에서 외부 공간을 누릴 수 있다는 것을 경쟁력이라 생각하고 이점을 더 살리고자 목재 데크로 하려고 했다. 그러나 다수의 건물에서 옥상의 경우 의외로 목재 데크를 잘 선택하지 않는다는 것을 발견했다.

테라스를 데크로 꾸미면 따뜻하고 고급스러운 느낌이 난다. 그러나 데크재를 잘못 고르면 쉽게 깨지고 뒤틀리는 경우가 많다는 것이다.

유지 및 관리가 번거로울 수 있다는 후기를 접했고, 결정적으로 비용 차이 역시 선택에 영향을 주었다.

목재 데크

데크는 250만 원 정도의 견적이 나왔으나, 우레탄으로만 마감한다면 40만 원 선에서 마무리되었다. 약 6배의 가격 차이를 두고 고민을 했지만, 조금이라도 세이브하는 것을 목표로 했기 때문에 우레탄으로 결정했다. 또한 데크는 추후에라도 바꿀 수 있는 부분이라는 점도 작용했다.

그레이구스 우레탄 베란다

Question 49

조경은 어떻게 할까?

주인세대에 거주하면서 직접 관리하고 신경 쓴다면 모르지만, 그렇지 않다면 최소한의 수준으로 하는 것이 좋을 듯하다. 관리를 못하면 망가지기 마련이다.

200㎡가 넘는 다가구주택 건축 시, 대지 면적의 5% 이상을 조경면적으로 할애해야 한다. 얄궂게도 나의 토지는 200.4㎡로 0.4㎡가 초과하여 5%의 조경면적을 갖춰야 했다(0.4㎡를 누군가에게 그냥 줘버리고 싶었다!). 따라서, 약 10㎡(약 3평 정도)의 조경을 꾸며야 했고, 설계 시 이를 반영해서 건물의 가장 모퉁이에 조경을 설계하고 허가를 넣었다. 그러나 시에서 조경면적과 위치를 1층과 4층 테라스로 지시하여 다시 반영하였다. 옥상 조경의 경우는 실제 조경면적의 50%만 반영되기 때문에 결론적으로는 10㎡만 해도 될 조경을 15㎡ 이상 하게 되었다. 그러나 테라스의 잔디 조경은 오히려 건물의 경쟁력이라며 긍정적으로 생각하기로 했다.

조경에 대해서는 두 가지 방향으로 생각해 볼 수 있다. 하나는 조경의 역할을 충실하게 할 수 있도록 만드는 것, 즉 예쁘게 만들어서 잘 가꾸고 건물의 가치에 일조하도록 하는 것과 나머지 하나는 준공승인을 위한 최소한의 조경만 하는 것이다. 나의 경우는 그 집에서 거주를 하지 않기 때문에 지속적으로 조경 관리를 할 수 없고, 조경의 위치나 면적 등을 고려해보면 비용을 주고 관리할 입장도 아니어서 후자, 즉 최소한의 조경만 꾸미기로 계획을 세웠다.

나뿐만 아닌 대부분의 상가주택 건축주들 역시 준공승인을 위한 최소한의 조경을 택한다. 왜냐하면 조경의 위치는 대부분 주차장이나 출입통로에 밀려 애매한 곳에 놓이기 십상이기 때문이다. 이는 수익성과 연결된 문제이기 때문에 앞으로도 이러한 선택이 계속될 것으로 짐작된다. 일반적으로, 신경 써서 조경을 할 경우 3~5평 면적에 약 100만 원의 조경비용이 든다. 준공용 조경만 전문적으로 하는 업체에서 약 20만~30만 원 수준으로 맡아주기도 한다. 물론, 조경수나 조경에 대단한 결과를 기대하기는 무리인 수준이다.

나의 경우는 테라스 조경이 있기 때문에 사다리차를 대여하고, 흙을 담아서 옮길 인부도 필요했다. 실질적인 잔디조경 비용은 비싸지 않았으나, 약 50만 원의 추가금이 더 발생했다. 결론적으로 약 70만 원으로 1층 조경과 테라스 잔디 조경까지 마무리했다. 경험에 비추어 말하자면, 옥상조경은 피할 수 있으면 피하는 게 낫다는 결론이다. 참고로 옥상에 큰 나무를 식재하기는 더 힘들다. 왜냐하면 나무뿌리가 콘크리트를 뚫고 균열을 일으켜 누수 등의 하자를 발생시킬 수 있는 원인이 되기 때문이다.

지상층 조경계획

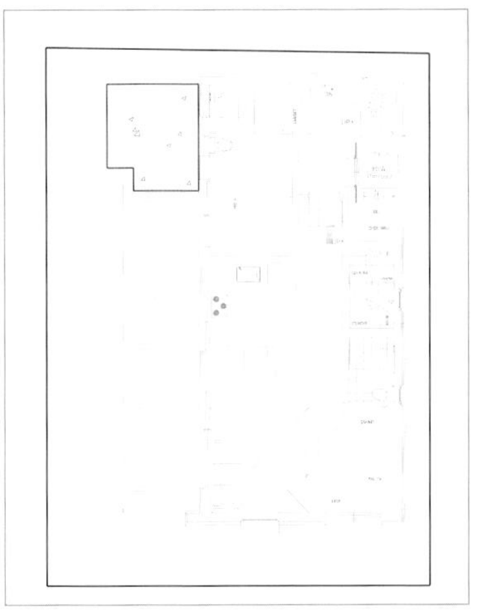
옥상층 조경계획

그레이구스의 테라스 잔디조경

직장인, 겁 없이
상가주택 짓다

제6장

임대, 벌다

Question **50**

대출은 어떻게 진행할 것인가?

대출은 시시각각 변한다.
은행마다 대출에 대한 시각이 다르기 때문에
직접 발품을 팔아 대출 상품에 대한 상담을 받아봐야 한다.

앞서도 언급했듯이 대출을 활용하든, 활용하지 않든 자신이 일정 금액을 들고 공사를 시작해야 한다. 처음에는 토지 담보 대출로 공사를 진행하다가 건축물에 대한 계획이 수립되면 PF(Project Financing) 대출로 갈아타는 경우가 일반적이다. 그러나 모든 은행이 이러한 대출에 관심 있는 것이 아니다.

건물을 오랫동안 보유할 생각이고, 대출받는 것을 극도로 꺼려하는 사람이라면 대출을 받지 않을 수도 있겠지만, 나의 경우는 추후 매도할 수도 있을 거란 생각에 어느 정도의 대출이 매도 시 장점으로 작용할 수 있다고 판단했다. 대출이 없는 경우, 매수자 입장에서 초기 매입 부담이 클 수밖에 없어 거래를 꺼리게 되고, 실투자금이 많아져 수익률도 낮아진다. 또한 세입자들의 권리 우선순위 때문에 대출이 없는 상태라면 매수자가 매수 후 대출을 받을 수 없어, 미리 대출을 받아 놓을 필요가 있다.

개인으로 진행하면 기존에 보유하고 있는 주택에 대한 대출금이 있을 수 있고, 정책상 낮아진 DTI(총부채상환비율) 때문에 대출 받을 수 있는 실제 금액이 많지 않다. 따라서 어느 정도 큰 금액의 대출을 받기 위해서는 임대사업자 등록을 해야 한다. 나의 경우도 대출 가능 금액이 5배 이상 차이 나는 것을 보고 어쩔 수 없이 사업자를 냈다. 사업자라 함은 '주택신축판매업'을 말하는 것이고, 이에 부가적으로 임대업도 겸할 수 있는 등록증이다. 흔히 요즘 거론되는 주택임대사업자와는 다소 결이 다르다. 따라서 위 사업자등록증을 만들고 여러 은행을 알아보며 이율과 대출 가능 금액을 살펴봤다. 왜냐하면 은행, 혹은 같은 은행이라도 지점마다 동 대출에 대한 적극도가 다르고, 이율과 대출 가능 금액도 달라지기 때문이다.

나는 K은행 용인의 한 지점에서 5억 원을 3% 후반대의 이자로 대출 받았다. 그러나 매도를 위한 이 대출이 임대에는 좋지 않은 영향을 줄 수 있음을 고민해야 한다. 일반적으로 대출 + 선순위 전세 세입자가 있을 경우 전세 입주를 꺼리기 때문이다. 또한 최근 부동산 정책상 대출에 제한이 많아지는 시점이라 정확하게 은행에 확인하고 진행해야 할 것이다.

*PF(Project Financing) 대출은 주택담보대출가 달리, 담보보다는 특정 프로젝트의 사업성을 평가하여 돈을 빌려주는 개념이다. 때문에 '주택신축 판매업'의 사업자 등록증이 꼭 필요하다. 단, 은행마다 해석이 다를 수 있으므로 사업자 등록증의 형태는 대출 담당자와 상의해보도록 하자. 또한, 주택임대사업자 등록은 현재 제도상 큰 이점들이 사라지고, 특히 매도를 고려한다면 적합하지 않을 수 있다.

Question 51

임대는 어떻게 놓을 것인가?

임대가 가장 중요하다. 내 건물의 경쟁력을 잘 알아야 하고, 부동산과의 적당한 관계를 유지해야 하며, 현지 임대시장 상황을 잘 고려해야 한다. 필요에 따라서는 임대료 할인이나, 수수료 상향 조정 등 과감해질 필요도 있다.

지금까지의 모든 고민과 선택은 임대를 성공적으로 달성하기 위함이라고 해도 과언이 아니다. 건축은 잘 마치고 주변 상황을 모른 채, 부동산중개인의 말에 휘둘리거나 시간이 급해서 제대로 된 임대료를 못 받는다면 매우 안타까운 일이다. 임대료는 신중히 생각해서 판단해야 한다. 그리고 임대를 본격적으로 해 볼 계획이라면 임대를 본업으로 하는 사람들의 모임은 물론 온라인 카페에 들어가 많은 정보를 공유해 보길 권한다. 임대료는 상황과 지역에 따라 천차만별이고 건축주가 처한 입장에 따라, 집의 상태에 따라 다 다르기 때문에 많은 집을 둘러보고 자신의 매물에 대한 임대경쟁력을 파악할 필요가 있다. 물론 처음에는 인근 부동산중개소에 휘둘리기도 하고, 상황에 대한 오판이 있을 수도 있다. 다른 사람들과 내 상황이 다를 수 있다는 것을 인정하고 침착하게 대응해야 한다.

우선 내 임대 물건에 대한 경쟁력을 고려해 임대료 수준을 정해야 한다. 물건에 대한 임대경쟁력을 키우는 것이 본질적인 답이겠으나, 큰 비용을 들여 경쟁력을 높이는 방법 외에 임대료를 낮추는 방법도 있다. 예를 들어 500만~1천만 원을 들여 가구·가전 등 풀옵션을 해 주는 것보다 월세 2만~3만 원을 저렴하게 내놓는 것이 임대 경쟁력 면에서 더 좋을 수 있다.

두 번째로 고민해야 할 것은 임대를 어떤 식으로 진행할지에 대한 방법론이다. 간혹 특정 공인중개사에 모든 임대 세대를 맡기고 공실까지 책임지게 한 후, 일정 비용을 주는 건물주도 있다. 그러나 이 방법은 비용이 많이 들고, 한 업체에 휘둘릴 가능성이 있다.

다른 방법으로는 인근 부동산중개소에 직접 매물장을 돌리는 방법이다. 나도 처음에는 내 건물과 가까운 중개소 몇 곳에만 매물장을 돌렸다. 그러나 2주가 지나도 연락이 많지 않아서 보다 멀리 있는 중개소에도 내 놓았고, 이후부터 연락들이 오기 시작했다.

최근 부동산 임대차 시장은 직접 발로 뛰는 시장보다 O2O(Online To Offline)가 결합된 시장이다. 임차인이 '직방', '다방', '한방'과 같은 플랫폼에서 검색을 먼저 한 후 매물을 찜하고, 그 매물을 올린 업체에 연락해서 직접 확인하는 프로세스로 진행된다. 매물과 부동산의 물리적인 거리는 상관이 없어지고, 광고 및 온라인 활용도에 따라 매물 확보 등이 결정 나기도 한다. 따라서 최대한 많은 부동산에 매물을 내 놓는 것이 좋고, 온·오프라인의 동시 노출을 고려해야 한다.

마지막으로 임대 계약에 대한 수수료 부분이다. 최근 다가구·상가주택이 많이 지어지면서 경쟁도 치열해지고 있다. 특히 이주자들이 아직 적은 신도시는 아무래도 수요자 우위의 시장이다. 따라서 상당 기간 공실을 각오해야 할 수 있다. 건축주들의 임대 경쟁 만큼, 부동산중개소 간 경쟁도 치열하다. 법정수수료로 임대를 바라면 중개사 입장에서는 후순위로 추천할 가능성이 있다. 현재 자신의 시장 상황에 맞는 수수료를 중개사에게 먼저 제시하는 것도 방법이다. 특히 상가의 경우는 특수한 조건(코너 자리, 혹은 매우 선호하는 건물, 매우 저렴한 임대료 등)이 아니라면 상당 기간 공실이 날 수 있으니, 상황에 따라서는 파격적인 중개수수료를 제안하고 빠른 시일 내에 임대할 수 있도록 하는 전략도 필요하다.

임대료를 책정할 때 또 하나 주의할 점은 처음에 너무 낮은 가격으로 임대를 놓게 되면, 상가 임대차 보호법 등에 묶여 오랜 기간 그 금액을 유지해야 될 수 있다는 점이다. 당연한 이야기지만 임대는 원하는 금액에 최대한 빨리 내는 것을 목표로 하되, 빠른 상황 판단을 통해 가격 조정과 나의 목표 달성 사이의 적절한 타협점을 찾아가야 한다.

그레이구스 매물장. 나의 경우, 일반적인 엑셀 형식의 매물장이 아닌,
건물에 대한 소개차원의 사진들과 원하는 임대조건을 정리한 매물장을 배포하였다.

Question 52

통신과 케이블은 어떻게 신청할까?

지역 B2B 담당자들을 찾아 물어보라. 알아서 좋은 조건들을 제시할 것이다.

인터넷 전용선은 각 세대가 따로 알아볼 경우 주로 3만~4만 원 모델을 휴대폰 요금제와 묶어서 계약하는 경우가 많다. 그러나 다가구 주택의 통신은 지역별 SKT, KT, LG 등 B2B로 뛰는 전문 영업사원들이 있고, 인근 대리점에서 개인 소매를 하는 곳도 있을 것이다. 각각 가격의 차이가 있고, 리베이트가 다르기 때문에 최소한 2~3곳을 같이 알아보는 것이 좋다. 가구 수와 시기에 따라 가격은 달라질 수 있으나, 10가구 이하라면 가구당 월 1만5천~2만 원 수준으로 TV·케이블·인터넷을 신청할 수 있고, 여기에 일정 수준의 리베이트도 얻을 수 있다.

10가구 이상인 경우는 가구당 월 1만 원 초반 금액의 상품을 신청할 수 있고, 마찬가지로 리베이트도 가구당 약간씩 받을 수 있다. 그러나 가구 수가 그보다 적은 경우에는 가격이 올라간다. 나는 5가구이기 때문에 월 1만 원 후반 금액대로 인터넷전용선과 기본 케이블을 신청했고, 가구당 약간의 보조금을 받았다.

곁다리 얘기 20

임대세대 관리비 포함은 어디까지?

관리비에는 공용전기(엘리베이터, CCTV, 내외부 조명 등), 인터넷, 건물 청소비, 수도, 엘리베이터 관리비 등을 포함하고 세대별 전기료, 도시가스 비용은 불포함하는 것이 일반적이다.

Question **53**

주택 관리·월세 관리는 어떻게 할 것인가?

임대업을 본업으로 할 것이라면, 직접 살며 관리하는 것을 권하고, 거주하지 않으며 관리만 할 것이라면 주택관리사에게 맡기는 것도 방법이다.

일반적으로 주택 관리는 건축주가 최고층 주인세대에 거주하면서 간단한 청소, 임차인이 요청하는 자잘한 하자 보수, 잔손 보기 등을 통해 이루어진다. 그러나 이 역시도 만만한 게 아니다. 임대세대가 5세대밖에 안 되는 나도 하루에 몇 번씩 문자와 전화를 받는다. '보일러가 안 켜져요', '인터폰이 이상해요', '이런 쓰레기는 어디에 버려요?' 등 그 질문과 요구 사항도 다양하다. 특히 처음 입주했을 때는 알아채지 못했던 건물의 문제점과 하자 사항들이 보일 수 있다. 이러한 시도 때도 없는 임차인들의 불편 사항 토로가 큰 스트레스가 되기도 한다.

그래서 최근에는 택지지구마다 주택관리 업체들이 성행하고 있다. 이들이 하는 업무는 임차인의 불편사항 접수와 처리, 청소, 월세 독촉 등 다양하다. 임대가 처음인 건축주나 주인세대에 거주하지 않는 임대인, 직장을 다니는 건축주 등 시간의 제약이 있어 임대업을 전업으로 하지 않는다면 주택관리 업체를 활용하는 것도 방법이다.

주택관리 업체는 지역 내 네트워크가 있어 공실이 발생할 경우 커뮤니케이션 채널(일반적으로 지역부동산이 가입한 밴드 등)을 통해 공실에 대해 알려주고, 부동산과 건물주의 중간 역할을 수행하기도 한다. 또한, 신도시 혹은 택지지구에 건축물이 들어서는 시점에는 주택관리 업체들도 서로 경쟁을 하므로 일정 기간 월 관리 비용에 대해 가격 조정도 가능할 것이다. 이러한 상황들을 활용하여 스마트하게 주택 관리를 하는 방법을 권한다. 또한 월세의 체납 관리, 건물의 훼손, 이사 후 문제 유무 등을 실시간으로 관리하고, 신속하게 하자 보수를 할 수 있다. 상가 임대의 경우 세금계산서 발급까지 대행해주며 모든 일 처리를 맡아주기도 한다. 물론 업무 영역의 추가·제외에 따라 가격은 다소 달라질 수 있다.

비용은 지역마다, 서비스 수준에 따라 다르다. 일반적으로는 원룸 기준 호실당 월 3~4만 원 정도 한다. 또한 세대별로 월세의 8% 수준으로 산정하는 곳도 있다. 그리고, 지방으로 갈수록 주택관리만 전문으로 하기보다는, 부동산중개업무와 주택 관리를 같이 해 주는 경우가 많다.

나는 월세를 받는 세대수가 적기 때문에 월세 관리는 직접 하고 청소와 하자 보수, 건물의 관리 등을 맡기고 매월 15만 원을 내고 있다. 엘리베이터 관리 비용은 별도다.

Question 54

임대 계약 시 꼭 체크할 사항은?

부동산중개소를 전적으로 신뢰하지는 말고,
지속적으로 관리하고 있다는 자극을 줘라.
세입자와 계약 시에는 특약조항을 꼭 따져본다.

최근, 특히 지방에서 다가구주택의 임대보증금 사고가 종종 일어났다. 일례로 건축주는 모든 세대가 월세인 줄 알고 상당 기간 월세를 꼬박꼬박 받아왔지만 일임을 받은 부동산이 전세 계약으로 전환(혹은 전세 계약을 미리 체결 후 월세를 임대인에게 지속 송금)한 후, 전세 보증금을 갖고 도주하는 사건도 있었다. 이는 주로 원거리에 있는 집주인이 현지 부동산중개소에 모든 것을 위임하고, 세입자와 소통을 전혀 안 하는 상황일 때 발생하는 사고이다. 따라서 평소에는 부동산중개소나 주택관리업체에 일임을 하더라도, 계약 시에는 본인이 직접 얼굴을 맞대고 나설 수 있도록 한다. 한두 번은 부동산에 일임하더라도 계속 관리를 하고 있다는 인식을 준다면, 그런 사고는 미연에 막을 수 있을 것이다. 세입자와 계약 시 특약사항에 대한 조항들을 미리 만들어 놓는 것도 좋을 것이다. 일반적으로 부동산에서 많이 쓰는 특약사항이 있지만, 개인적으로 싫어하는 사항, 혹은 서로 합의해야 할 것들을 미리 언급해 두어야 차후 분쟁을 막을 수 있다. 일반적인 특약 사항은 아래와 같다.

· 현 시설물 상태에서 임대차 한다.
· 수도·인터넷·TV·공동전기는 관리비에 포함하고, 도시가스·개별 세대 전기료는 별도 납부한다.
· 기존 시설 훼손 시, 원상복구한다.
· 퇴거 시 청소비용은 실비로 한다.
· 옵션은 에어컨·TV·냉장고·블라인드·전자 도어락·붙박이장·가스레인지·보일러 등이 있다.
· 계약기간 만료 전 퇴실 시 중개수수료는 임차인이 지불하고, 재임대 완료에 책임을 진다.
· 환기 등을 잘 시켜 곰팡이 등이 발생하지 않도록 한다.
· 반려동물 사육은 금지한다.
· 보증금은 OOO에게 반환한다.

이 외에도 다양한 상황들이 있을 것이다. 일반적으로 세입자가 집에 많은 요구를 할 수 있지만 기본적으로 계약 당시의 수준을 기본으로 놓고, 가부를 명확하게 이야기해 주는 것이 좋다. 가끔 마음이 약해져 이것저것 해 주는 경우도 많은데, 수익을 떠나서 지속적인 요구로 관계가 안 좋아지는 경우도 있으니 유의한다.

Question 55

세금은 얼마나 어떻게 내야 하나?

부동산 세금은 개인적인 상황·소득 등에 따라, 세액이 크게 달라지기 때문에 전문 세무사에게 꼭 상담을 받아야 한다. 세금에 대한 무지로 인해 큰 금액을 손해볼 수도 있다.

일반적으로 고민해야 할 세금의 항목은 건물을 사고팔 때 납부하는 양도세, 재산세, 종합부동산세, 취득세, 그리고 소득세 등이 있을 것이다. 다른 세금들은 경우에 따라 산정방법이 달라지게 되므로 소득세 관련해서만 간단하게 언급해 본다.

2018년까지는 임대사업의 경우 연 2,000만 원 미만일 경우 세금 신고가 필요 없었으나, 2019년부터는 2,000만 원 미만의 경우도 세금을 내게 된다. 만약 소득이 약 2,000만 원일 경우 50만~60만 원의 수준으로 나올 것이다. 2,000만 원 미만의 경우는 분리과세(다른 소득과는 상관없이 별건으로 납부)이기 때문에 계산이 간단하다(연 2,000만 원이 넘을 경우는 타 소득과 합산해서 부과하는 종합과세로 전환된다). 따라서 전세 등을 활용해 전체 임대 소득을 연 2,000만 원 이하로 유지하는 것이 절세하는 측면에서 낫다.

Question 56

임대를 놓은 후 만실까지 얼마나 걸릴까?

A

상황에 따라 만실의 시점은 많이 다를 수 있다.
끊임없이 임대 경쟁력을 높이기 위해 고민해야 할 것이다.

초조해지고 마음이 제일 급해지는 시기가 공실 기간이 길어질 때다. 너무 조급해 하지 말고, 공실의 원인을 잘 생각해 보자. 원인이 파악되면 나의 임대경쟁력을 높여야 할지, 아니면 마음을 편하게 먹고 장기전에 대비해야 할지 입장을 정리할 수 있을 것이다.

공실은 여러 원인에서 비롯된다.

· 내가 책정한 임대료가 높은가? 임대경쟁력이 나쁜가?
· 주변에 아파트나 주택이 동시다발적으로 완공·임대가 될 시기인가?
· 휴가철·혹서기·혹한기 등 계절적인 원인이 있는가?
· 지역에 악재가 있는가?

첫 번째 원인이면 해결이 가장 간단하다. 임대료를 낮추면 된다. 일단 다른 매물들과 비교해 보고, 임대료가 적정한지 따져 본다. 다른 경쟁 매물들은 풀옵션인데, 상대적으로 옵션이 적다고 생각되면 옵션을 갖추면 된다. 그러나 곧 매도를 염두에 두고 있는 상황이라면, 수익률이 낮아져서 매물 경쟁력이 낮아지는 것을 고려해야 한다. 임대경쟁력만이 원인이었다면 임대경쟁력을 갖춘 뒤 1~2달 정도면 만실이 될 가능성이 높아진다.

두 번째 경우는 어쩔 수 없이 기다려야 한다. 임대경쟁력이 아무리 좋아도 물량에는 장사 없다. 마음을 편하게 먹고 일단 큰 물량들이 소화되기를 기다려야 한다. 보통은 일정 시간이 지나면 순차적으로 해소되는 경향이 있다. 나의 경우가 여기 해당되었지만, 다행히 인구 유입 상황이 나쁘지 않아 만실까지 아주 오래 걸리지는 않았다. 물론, 가장 좋은 방법은 이 시기를 미리 파악해서 피하는 것이다.

계절적인 원인은 큰 문제가 아니다. 인근의 인구 유입이 꾸준하다면 이사철 혹은 지역의 호재가 있으면 순식간에 임차인이 나타날 수 있다. 그러나, 이러한 시기를 또 놓친다면 오랜 시간 기다려야 할 수도 있으므로 타이밍을 잘 판단해야 한다.

마지막 경우는 답이 없다. 미리 알게 되면 건축 자체를 다시 생각해봐야 하고, 건축을 시작한 상황 혹은 준공을 한 시점이라면 상황 판단을 잘해야 한다. 빨리 매도를 하든지 수익률을 낮추는 것도 감수해야 할 것이다.

최근 인기 있던 점포겸용 택지도 일부 지역에는 미분양이 되었다. 청약제도가 바뀌었으니 정확하게는 미달이 아니라 유찰이 된 것이다. 이것이 시사하는 점은 지역적으로 특별한 호재가 없거나 인구가 늘어날 가능성이 없는 곳, 지역적 악재가 있는 곳은 아무리 싸게 토지를 산다 해도 건축에 들어가지 않는 것이 맞다는 사실이다(그러나 대부분의 점포겸용 택지 입찰은 150 ~250% 선에서 낙찰된다).

그 밖에는 지역의 중개인들과 관계가 안 좋아서 매물 거래가 안 되는 경우도 종종 봤다. 임대까지 악영향을 미칠 수 있는 사항들은 사전에 막을 수 있도록 하고, 지역 내에서 신임을 잃을 행동도 삼가해야 한다. 특히나 상가 임대는 보기에는 좋아 보이나 실제로는 매우 어려울 수 있으니 처음부터 급하게 생각하지 않기를 바란다. 인근 신도시의 많은 상가 역시 매우 오랫동안 공실로 남아있었다는 것을 유념할 필요가 있다.

추가적으로 대출과 임대 보증금을 고려해서 임대를 내놔야 한다. 예를 들어 12억 원짜리 건물에 5억 원의 대출이 있고, 선순위 전세금으로 3억 원이 있다면, 더 이상 전세 세입자를 구하기는 어려울 것이다. 어쩔 수 없이 월세로 세입자를 구해야 할 것인데, 남은 방이 원룸일 경우는 잘 나갈 수 있으나, 쓰리룸 같이 큰 방일 경우는 한동안 공실로 남아 있을 수 있다. 나의 경우도 이러한 상황이 되어서 쓰리룸을 풀옵션으로 갖추고, 전세금 대비 월세금을 싸 보이게 책정하는 등 임대경쟁력을 높여 월세로 전환하기도 했다.

Question **57**

초보 임대인이 꼭 명심해야 할 것은?

월세를 받는 만큼 빠져나가는 돈도 많다.
관리비가 생각보다 크고, 하자보수 등 추가로 드는 돈도 있다.
본인이 직접 할 수 있는 유지관리 영역을 점차 늘려야 한다.

① 장밋빛 예상은 최소화하라

'내 건물은 임대가 금방 될 거야', '내 건물은 수익률이 좋을 거야' 등의 장밋빛 예상보다는 좀 더 보수적으로 접근하는 것이 좋다. 실제 관리비가 예상보다 많이 나간다. 주택 관리 업체(물론, 안 맡기면 아낄 수도 있겠지만) 15만~20만 원(5가구 기준), TV·인터넷 전용선 10만 원 이하, 공용 전기 10만 원 전후, 수도세 3~5만 원, 엘리베이터 10만 원 정도는 고정적으로 들어가는 비용이다. 이는 5가구를 임대 운영하는 데 한 달에 약 40만~50만 원의 고정 관리비가 들어간다는 뜻이다.

임대경쟁력 중 가장 큰 경쟁력은 저렴한 임대료이다. 아무리 잘 짓고 인테리어가 좋더라도, 같은 크기의 훨씬 싼 집보다는 임대경쟁력이 낮을 수밖에 없다. 물론, 하자 등의 문제가 덜 생길 수 있어서 세입자의 만족은 높을 수 있으나, 여러 옵션을 놓고 처음 선택하는 세입자 입장에서는 아무래도 비용이 가장 큰 진입장벽일 수 있다. 이 점을 잘 고려해서 임대료를 정하는 것이 좋다.

② 자신이 해 줄 수 있는 범위를 명확히 하라

임차인의 경우 임차를 한 이후 부족한 부분들을 일단 요청하는 경우가 많다. 이는 임대차 계약 시 상황 그대로 임차한 것이기 때문에 굳이 더 무엇인가를 해 줄 필요는 없다. 그러나, 무엇인가를 해 주는 것이 향후 임대경쟁력을 높이는 것이라면 적극적으로 생각해 볼 필요가 있다.

단, 몰랐던 하자나 수리 등은 당연히 해 줘야 하고, 시공사의 A/S 기간 내에 최대한의 A/S를 요청하는 것이 좋다.

③ 직접 할 수 있는 범위를 점점 넓혀라

타일보수, 도배, 전등 교체, 실리콘 보수 등 건물을 유지·관리할 많은 일들이 발생한다. 이 때마다 사람을 불러서 고치기 시작한다면 그 돈 또한 전체 임대수익률에 큰 악영향을 끼칠 것이다. 물론, 나도 시간이 전혀 없어서 아직 못 배우고 있지만, 언젠가는 하나씩 손에 익혀서 직접 해결하고 싶다.

직장인, 겁 없이
상가주택 짓다

부록

건축 진행 스케치

진행상황에 대한 사진들을 이야기하기 전에 몇 가지 내용을 먼저 언급하자면,

① 아래 사진들은 시간 순서에 따라 정리했다. 단, 묶어서 설명이 필요한 경우는 아닐 수 있다.

② 공사 기간은 11월 초 측량부터 시작해서 6월 중순 준공완료까지 총 6개월 이상이 소요되었다. 중간에 한파와 폭설로 잠시 공사가 멈춘 기간이 있었다.

③ 총 6개월간 촬영한 주요 공정 사진이고, 중복되는 공정이나 사소한 과정은 배제했다.

기초 공사

기초 공사는 건물의 기반을 만드는 가장 중요한 작업이다. 건축주는 물론, 건축 관계자들 모두 가장 신경이 쓰이는 시점이기도 하다.

제일 첫 단계인 경계 측량부터 시작을 하지만, 경계 측량 후 약간의 설계 변경 등의 시간이 필요할 수 있다. 이후 터파기, 버림콘크리트 타설, 먹매김, 철근콘크리트 공사, 기초 거푸집 작업 및 기초 콘크리트 타설, 양생 작업 등이 전개된다. 전체적인 기초 공사과정은 약 7~10일 정도 소요되며, 이 과정에서 전기, 통신, 오수 등의 설비 작업도 병행된다.

• 경계측량

일반적으로 측량을 하면 기존 지적도와 현황이 다를 수도 있다. 이때 설계도의 미세한 부분들의 수정이 불가피하기 때문에 며칠의 시간이 더 필요할 수 있다. 또한 구도심에서는 경계가 넘어간 경우, 공공 도로가 물린 경우 등 예상치 못한 일이 발생할 수 있으니, 시간을 갖고 접근하는 것이 좋다. 신도시나 새로 조성된 택지지구는 아래와 같이 말뚝으로 경계선이 표시되어 있다.

• **터파기·잡석깔기·버림콘크리트 타설**

터파기는 공사의 시작이라고 보면 된다. 건축물의 기초를 만들기 위해 지면을 파는 일이다. 기초 매트 깊이는 약 1m 정도로 하는 것이 일반적이고, 터파기 이후 지내력 검사를 한다. 그리고 잡석을 약 20㎝ 두께로 깔아주고, 그 위에 비닐을 펼친 뒤 버림콘크리트를 타설한다. 버림콘크리트를 타설하는 이유는 표면을 고르게 만들어 바닥에 먹매김을 정확하게 하기 위함이다. 면적이 아주 크지 않는 한, 같은 날에 하는 것이 일반적이다.

• **규준틀 작업**

콘크리트가 양생이 되면 규준틀 작업(일명 먹매김)을 진행한다. 규준틀은 건축을 함에 있어 기준을 세우는 일이라 생각하면 된다. 규준틀에 따라 건물의 위치, 건물 기둥의 위치, 벽체의 위치, 기초의 높이 등이 정해진다. 일반적으로 하루 안에 진행한다.

• **철근 콘크리트 공사**

많은 철근공이 기초철근 배근 작업을 하고 오수, 우수 배관 매립을 동시에 진행한다. 철근 콘크리트 공사를 진행할 때는 설계에 맞게, 규격에 맞게 튼튼하게 되었는지 감리자가 다시 살펴본다.

• **기초 거푸집 설치**

거푸집은 콘크리트를 붓는 틀이라고 생각하면 쉽다. 따라서 콘크리트의 압력을 잘 버틸 수 있도록 틀을 잘 만들어야 하고, 콘크리트 안에 들어갈 철근과 전기선, 통신선 등의 배선을 미리 넣어 놓는 작업도 이어져야 한다. 콘크리트를 붓기 전에 감리자에게 철근 배근 등을 미리 검수 받는다.

• **기초 콘크리트 타설**

간단하게 말하면 건물의 단단한 바닥을 만드는 것이라고 생각하면 된다. 콘크리트를 타설하는 날, 레미콘과 펌프카가 계속 대기를 하기 때문에 인근 도로의 통행을 방해할 수 있다. 주변에 미리 양해를 구해 놓는 것이 좋다.

이 과정에서 현장 소장이나 작업을 진행하는 이들은 혹시나 거푸집이 터지지 않을까, 다음 레미콘의 순서가 공정대로 진행될 수 있는가, 레미콘을 추가 주문해야 하나 등을 고민한다.

• **양생 & 기초 되메우기**

양생 기간은 계절에 따라 조금씩 다르지만 3일 정도로 잡는다. 건물이 올라가지 않는 부분(주로 주차장 등)은 일단 되메우기를 통해 다져 놓는다.

층별 공사

각 층별로 같은 과정들이 반복된다. 먹매김, 거푸집 설치, 단열재 시공, 벽체 철근 가공 및 조립, 1층의 천장과 2층의 바닥인 슬래브 설치 등의 작업이다. 이 과정에서 전기, 수도, 통신선들을 매설하는 작업이 병행된다. 이 과정이 완료되면 콘크리트 타설과 양생, 다시 2층의 먹매김, 거푸집 설치 순으로 진행된다.
한 개층 기준, 시작부터 끝까지 약 10~15일 정도 소요된다. 계절적인 요인이 콘크리트 양생과 인부들의 작업 속도에 영향을 미쳐 겨울철에는 다소 더 걸릴 수 있다.

• 1층 벽체 거푸집 설치

개인적으로 가장 재미있는 과정이다. 계속 종이 속에 있던 그림들이 현실로 나오는 느낌이라고 할까, 입체감이 더해져서 그림 속에서만 보던 상상을 다시금 머리 속에 그릴 수 있는 과정인 듯하다. 먹매김 작업을 통해 표시해 둔 곳에 벽체를 만들기 위한 거푸집이 하나둘씩 세워진다. 벽체 단열을 위한 단열재 취부가 이어진다.

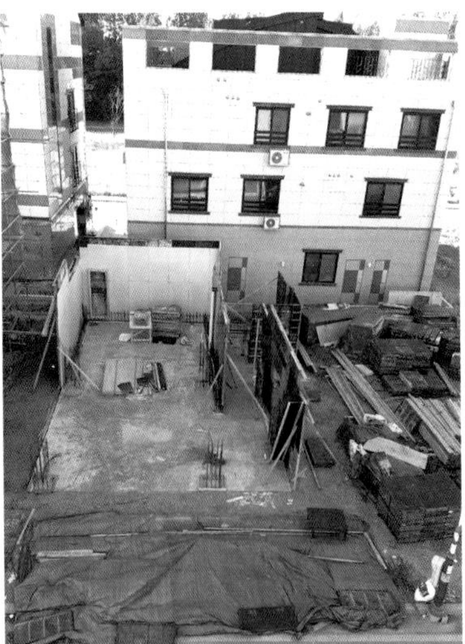

• 1층 벽체 철근 가공 및 조립

거푸집 설치와 함께 벽체를 세우는 데 약 5~6일 정도 걸린다.

• 오배수 관로 연결

보통 1층 벽체를 세울 때 1층 바닥에 필요한 설비 공사들을 같이 하는 경우가 많다.

• **1층 보 합판 제작**

보 합판과 슬래브 합판 제작은 1층의 천장이자, 2층의 바닥을 공사하는 과정이다. 지금까지는 층의 구분을 못하고, 현실적인 높이를 알지 못했다면 이제부터는 현실적인 층의 높이를 가늠해 볼 수 있다. 슬래브 합판 제작까지 약 4~5일 정도 소요된다.

• **1층 슬래브 합판 제작**

이 과정에서 2층에 필요한 설비(전기, 통신, 수도 등)의 작업도 병행된다.

• **1층 슬래브 철근 가공 및 조립**

기초 철근과 마찬가지로 꼼꼼하게 철근 공사가 진행된다. 다른 공사 때도 마찬가지지만 각 철근 공사 즈음, 콘크리트를 타설할 시기가 되면 감리자가 와서 꼼꼼히 체크를 한다.

• **1층 콘크리트 타설**

1층의 타설이 진행된다. 타설 시 진동기 작업이 병행되어야 한다. 일명 '바이브레이터'라고 하는데 콘크리트 내부에 진동을 주어 공극을 없애고 배근된 철근과의 부착을 증진시켜주는 역할을 한다. 또한 양생 중 발생할 수 있는 크랙 등을 방지하기 위해 표면을 평평하게 다져주는 작업도 진행된다.

• **2층 바닥 먹매김 & 벽체 준비**

1층과 동일한 과정의 반복이다. 1층에서는 낙상 사고 등의 위험이 없지만, 2층부터는 안전 사고에 대한 주의와 준비를 단단히 해두어야 한다.

• **2층 거푸집 설치 & 단열재 취부**

• 2층 벽체 철근 가공 조립

• 2층 벽체 거푸집 수립

• 2층 슬래브 합판 공사

• 상하수도 인입 공사

• 3층 바닥 철근 가공 조립

• 2층 콘크리트 타설

• 3층 거푸집 작업 & 단열재 취부

• 3층 벽체 철근 가공 조립

• 3층 내부 벽체 거푸집 설치

• 3층 슬래브 합판 제작

• 4층 슬래브 철근 가공 조립 & 슬래브 매설 전기·설비 공사

• 3층 콘크리트 타설

• 쌍줄비계 및 PP수직망 설치

• 4층 벽체 거푸집 설치 및 단열재 취부

• 4층 벽체 철근 가공 조립

• 4층 거푸집 설치

• 다락층 슬래브 철근 가공 조립 및 슬래브 매설 전기·설비 공사

• 4층 콘크리트 타설

• 지붕 합판 작업 & 지붕 철근 작업

• 지붕 콘크리트 타설 & 양생

지붕 콘크리트 타설과 양생으로 건물의 기본 뼈대가 완성된다. 혹한의 추위로 쉬는 날도 있었지만, 보양 작업과 충분한 양생 기간으로 콘크리트 강도나 작업의 문제없이 약 2달 만에 골조 공사가 완료되었다. 이제 그릇을 빚었으니 생명을 불어넣을 시간이다. 새로운 공정으로 돌입한다.

• **거푸집 해체**

반복적인 과정에서 벗어나기 시작한다. 그간 하나씩 올라가는 층이 신기하기도 했지만, 거푸집을 해체하는 과정에서 드러나는 건물의 실질적인 뼈와 살을 확인하는 과정도 새로운 느낌을 주었다.

• **PVC 배관 작업**

PVC 배관작업을 비롯해 전기·수도 배관 등 만들어진 뼈대에 혈관과 신경을 넣는 과정처럼 보인다. 이 과정이 잘 되어야 오랫동안 하자의 문제가 발생하지 않기에 이 또한 중요한 과정이다.

• PB 수도 배관 작업

• 전기공사 CD배관 작업

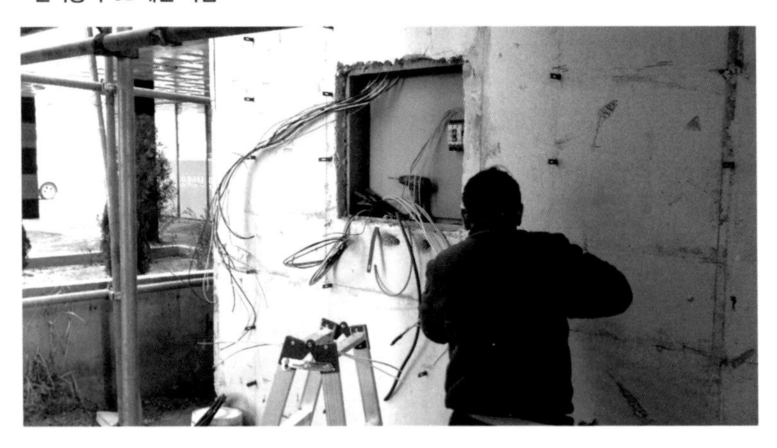

• **단열재 바닥 시공**

바닥 난방을 위한 작업으로 단열재 시공, XL 파이프 작업, 모르타르 타설, 양생까지 약 5일 정도의 시간이 걸린다. 최근 문제되고 있는 층간 소음과 그 건물을 얼마나 따뜻하게 할 것인가를 결정하는 작업이기 때문에 신경 써서 꼼꼼하게 작업해야 한다.

• **바닥 난방 코일 시공**

XL파이프 작업 시 차광막을 치는 이유는 모르타르 타설 시 들뜨는 현상을 잡고, 전체적으로 균열을 방지하기 위함이다.

• 모르타르 타설

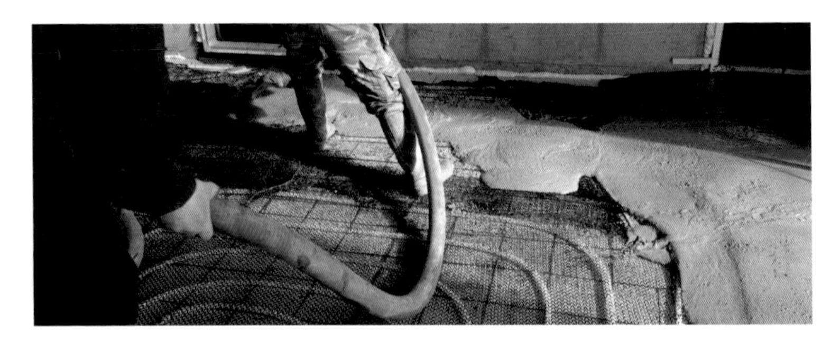

• 창호 시공

창호 공사는 약 5일 정도 걸렸다. 일부는 거의 완제품으로 와서 장착만 하면 되는 수준이고, 일부는 치수부터 현장에서 다시 재서 하는 작업도 있었다.

• 상가 창호 공사

• 계단 창 AL 단열바 시공

• **에어컨 배관 공사**

에어컨 배관 공사가 쉽지 않아 보였다. 그중 가장 고되 보이는 작업이 에어컨 배관이 지나갈 곳의 콘크리트를 파내는 일(할석작업)이었다.

• **후레싱 제작 및 우레탄 도장 작업**

후레싱 작업은 생각보다 많은 공정이 요구되었다. 재료가 오면 맞게 재단하고 붙여서 만들고, 도장하고, 설치하고, 마무리하는 작업까지 약 4일 정도 걸렸다.

• **천장 작업**

일조권이 적용되는 건물이기 때문에 전체 건물의 높이와 각 층의 층고에 예민할 수밖에 없었다. 때문에 천장 작업은 최대한 층고를 높일 수 있는 방법들을 고민하며 진행되었다.

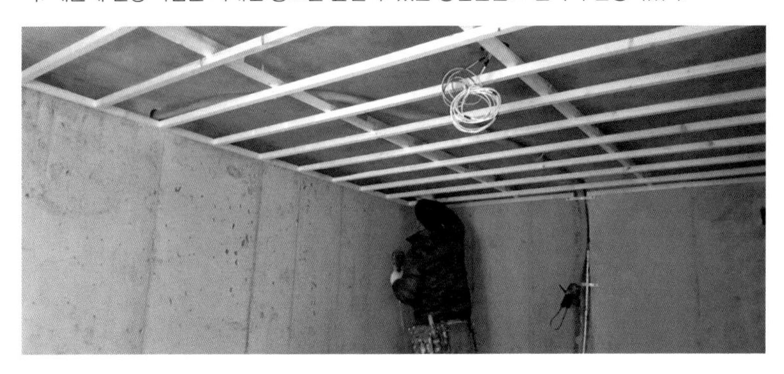

• **지붕 슬래브 단열재 작업**

2018년 여름은 엄청난 폭염의 연속이었다. 폭염과 혹한에 가장 큰 영향을 미치는 부분이 지붕 단열일 것이다. 건축법상에서도 지붕 단열을 특히 비중 있게 다룬다. 따라서 신경 써서 꼼꼼하게 작업해야 한다.

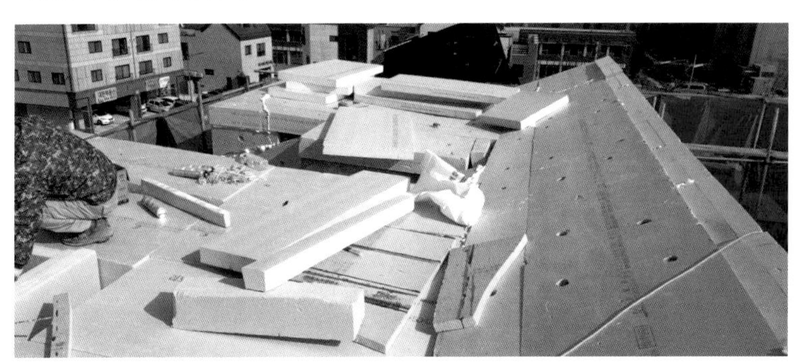

• **주인세대 계단 작업**

처음에는 주인세대 계단도 콘크리트로 할 예정이었으나, 공간 활용 등을 고민하다가 목재 시공으로 변경하였다. 계단을 올라갈 때 통통 나무가 울리는 소리가 날 것이라고 예상했는데, 생각과 다르게 콘크리트인지 나무인지 전혀 모를 정도로 단단하게 시공되었다.

• **화장실 방수 작업**

• 주인세대 목공 작업

내부 벽체에 석고보드를 붙이는 방법은 주로 두 가지이다. 하나는 바탕에 목재틀을 짠 후 그 위에 석고보드를 붙이는 방법과 접착제를 콘크리트 벽면에 붙이고, 그 위에 석고보드를 바로 붙이는 떠붙임 작업(일명 떠발이)이다.

• 상가 및 계단 바닥 미장 작업

• **외부 단열재 취부**

• **외장 스터코면 메쉬 작업**

스터코는 외단열 미장 마감의 대표적인 재료로 외부 단열재를 붙인 후 메쉬를 대고 그 위에 레미탈이나 시멘트 페이스트 등으로 프라이머 작업을 한다. 그리고 마지막에 스터코를 흙손으로 바르기도 하고 에어브러쉬로 뿌리기도 하는데, 그레이구스는 흙손으로 바르는 방법을 썼다.

• 스터코 면 프라이머 작업

• 외부 발코니 무근콘크리크 타설

• 지붕 하지 작업

• 지붕 컬러강판 시공

• 복도 계단 면 미장작업

• 파벽돌 시공

• 엘리베이터 설치

• 줄눈 작업

줄눈의 색에 따라 건물의 전체적인 이미지가 매우 달라진다. 따라서 원래 의도한 대로 건물의 이미지가 나올 수 있도록 줄눈을 먼저 샘플로 시연, 비교해 보고 신중히 선택해야 한다.

• 임대세대 화장실 타일 시공

• 노출 콘크리트 보수 작업

• 주방 타일 작업

• 외부 발코니 평철 작업

• 현관 타일 작업

• 스터코 시공

• **난간·갈바 도장 작업**

• **외부 발수제 도포**

발수 작업은 방수가 목적이라기보다는 1차적으로 마감재를 보호하는 역할을 한다. 특히 벽돌의 경우는 물의 흡수가 빨라 파손의 우려가 있다. 따라서 발수를 통해 벽돌 자체에 물이 스며들지 않게 하고, 2차적으로 건물 내부에도 물이 침투하는 것을 방지한다. 벽돌뿐만 아니라 대리석도 비가 올 때 얼룩이 생기는데 이 또한 발수제를 도포함으로써 막을 수 있다.

• **계단 석공사**

• **라왕 각재 샌딩·도색 작업**

주차장 윗면과 엘리베이터 면에 쓰일 각재들의 도색 작업

• **계단 미장·바탕 작업**

• **도시가스 배관 작업**

도시가스 배관 작업도 모두 외장재의 색에 맞춰 도색한 후 진행한다.

• 주인세대 아트월 몰딩 작업

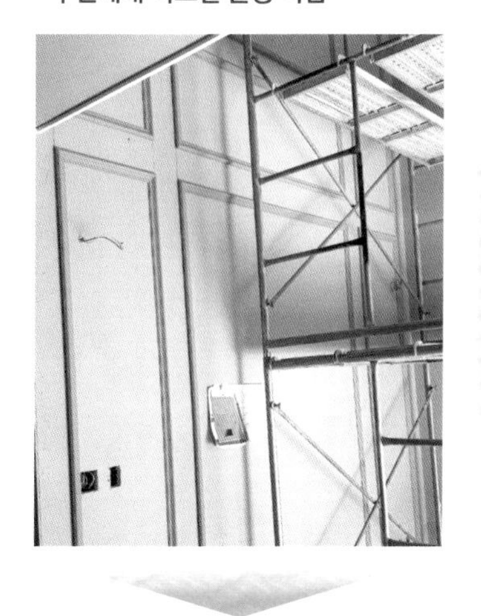

• 출입구 현무암 바닥 시공

원래는 엇갈리게 배열하려고 했으나 경사 때문에 울퉁불퉁해질 수 있어서 순차적으로 보이도록 시공을 하였다.

• 공용 & 상가 유리 시공

• **비계 해체**

외부의 첫 모습이 공개되는 순간이다. 공사 기간 중 가장 임팩트있는 순간이기도 하다. 원래 생각한 것보다 조금 노란색 빛이 돌지만 밝으면서 평범하지 않은 색과 후레싱이 대비되는 깔끔한 느낌이 산뜻하다. 배관이 도로 시선에서 안 보이는 부분 역시 만족스러웠다.

• **주인세대 유리 시공**

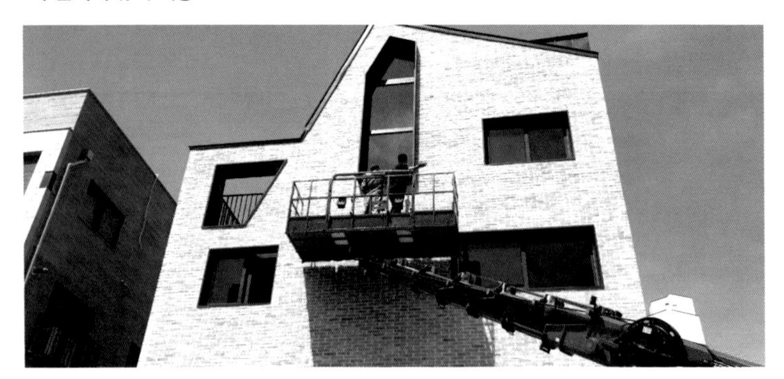

• **임대세대 바탕 작업**

본격적인 인테리어 공정이다. 기본적으로 석고보드의 면을 고르게 한 후 도배를 하고, 조명이나 콘센트 등의 설치 작업을 마치고 잔손질을 한다. 마지막으로 바닥 작업을 하고 이후 필요한 가구 이동 순으로 진행된다.

• **주차장 천장 라왕각재 시공**

시공이 생각보다 까다로워 시간이 오래 걸린 작업이다. 앞서 말한대로 매우 만족스러운 선택이다.

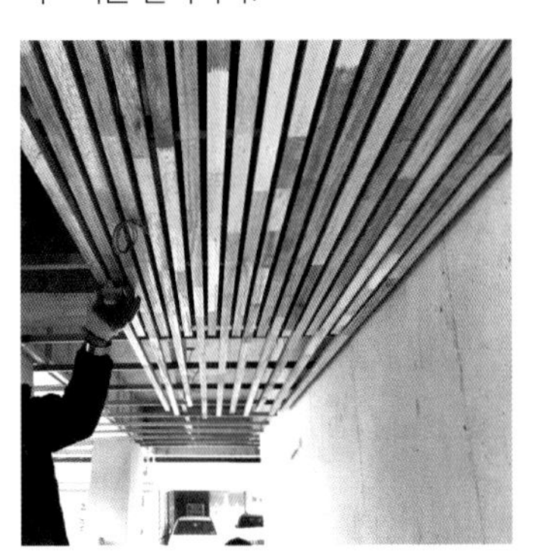

• **보일러 설치**

• 도배

• 4층 테라스 우레탄 방수 작업

• **주차장 철근 가공 조립**

주차장의 경우는 시공 시 현장에 없었기 때문에 지켜보지 못했다. 모든 공사가 만족스럽게 끝났을 때 단 한 가지 마음에 안 들었던 부분이 주차장의 표면이었다. 평활도가 맞지 않아 고민 끝에 재시공을 하였다.

• **주차장 타설**

• 컬러콘크리트 작업

• 전등 배선 작업

• 엘리베이터 검사

• 바닥 공사(강마루 & 데코타일 시공)

본문에서도 언급한 바와 같이 임대세대와 주인세대의 다락은 데코타일로 시공을 하였다. 데코타일은 기존 바닥 면의 상태에 따라 시공 결과가 확연히 다르다. 따라서 바닥이 평평한지 다시 체크하고, 그렇지 않다면 샌딩 작업을 진행한 후에 시공하는 것을 권한다.

• 계단실 탄성코트 시공

• 4층 테라스 잔디 조경 시공

• 싱크대 붙박이장 시공

• 건물명 간판 설치

• **주차 라인 마킹**

• **우편함 시공**

기존 우편함이 아닌 주문해 제작했기 때문에 비용이 많이 들었다.

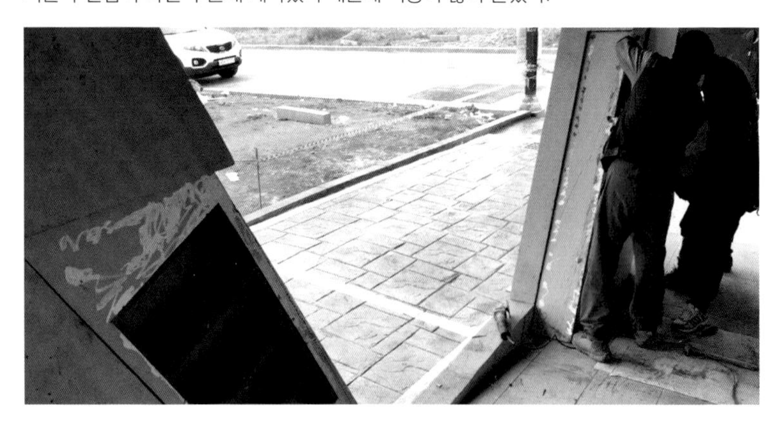

• 엘리베이터 로비 벽면 라왕 각재 도장

• 주인세대 계단 마무리

완공 사진

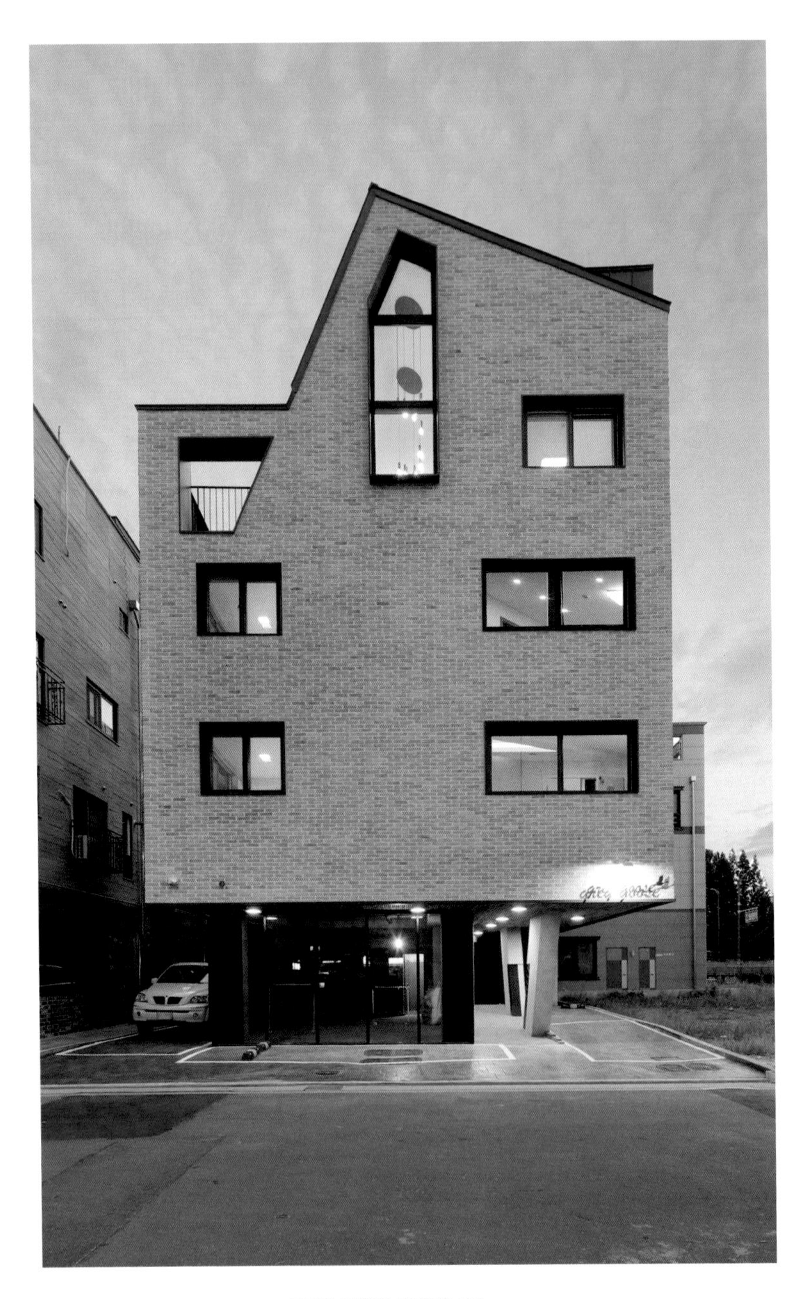

grey goose

grey goose

이 책은 저작권법에 의하여 보호를 받는 저작물이므로 무단전재와 복제를 금합니다.
파본 및 잘못된 책은 바꾸어 드립니다.